生态循环农业实用技术系列丛书

总主编 单胜道 隗斌贤 沈其林 钱长根

测土配方施肥

实用技术

黄凌云　黄锦法　主编

中国农业出版社

◆ 内容提要 ◆

截至 2012 年，"测土配方施肥补贴项目"在我国已经连续实施了 7 年，基本实现了农业县（场）"全覆盖"。提起"测土配方施肥"，可以说家喻户晓，被老百姓称为"惠民工程"。本书简要概述了测土配方施肥的基本原理、测土与配方施肥的基本方法，主要介绍了提高化肥利用率的措施与有机肥的合理施用技术，并结合嘉兴市实际介绍了几种大田作物的测土配方施肥技术方案、主要蔬菜与花卉营养失衡的症状与诊断方法。可供从事相关专业的技术人员和示范户学习参考。

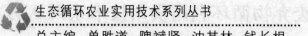

生态循环农业实用技术系列丛书

总主编 单胜道 隗斌贤 沈其林 钱长根

《节约集约农业实用技术系列丛书》
编 辑 委 员 会

主编 单胜道 沈其林 钱长根

编委（按姓氏笔画排序）

王李宝 任 萍 庄应强 李晓丹 吴湘莲

沈其林 单胜道 施雪良 秦国栋 钱长根

徐 坚 高春娟 黄凌云 黄锦法 寇 舒

屠娟丽 楼 平 虞方伯

节约集约农业实用技术系列丛书

- 设施农业物联网实用技术
- 大中型沼气工程自动化实用技术
- 果园间作套种立体栽培实用技术
- 湿地农业立体种养实用技术
- 瓜果类蔬菜立体栽培实用技术
- 农业生产节药实用技术
- 测土配方施肥实用技术
- 水肥一体化实用技术

农业废弃物循环利用实用技术系列丛书

《测土配方施肥实用技术》
编 委 会

主　　编　黄凌云　黄锦法

编写人员　黄凌云　黄锦法　褚伟雄　王润屹

　　　　　　吕　剑　张彩平　张　进　叶正钱

参编单位　嘉兴职业技术学院

　　　　　　嘉兴市农业经济局

　　　　　　嘉兴市农业科学研究院

　　　　　　浙江农林大学

丛书序一

当今世界，人口快速增长、气候极端变化已成为国际社会关注的焦点和人类必须面对的重大课题。在此大背景下，世界各国纷纷推行绿色新政，绿色经济、循环经济、低碳经济正成为全球经济的发展趋势。综观世界农业发展历程，经历了从传统农业向石油农业、化学农业跨越的发展阶段，虽然极大地提高了农业生产力，但同时也带来严峻的挑战，化学物质的过度使用已成为环境污染、生态退化的助推因素之一。为此，世界农业正孕育着发展理念的重大变革，低碳农业、有机农业、白色农业（微生物产业）等体现生态循环经济理念的新兴业态，正在全球逐步兴起，并成为引领农业发展的趋势所向。需要引起我们特别关注的是，许多国家特别是发达国家，借助绿色革命全球化的大趋势，又进一步构筑了新的绿色壁垒，不仅要求进口产品优质安全，而且对产地环境、生产过程提出了更高、更苛刻的要求。

2013年中央农村工作会议指出："小康不小康，关键看老乡。"目前我国农业还是"四化同步"的短腿，农村还是全面建成小康社会的短板。中国要强，农业必须强；中国要美，农村必须美；中国要富，农民必须富。农业基础稳固，农村和谐稳定，农民安居乐业，整个大局就有保障，各项工作都会比较主动。并明确要加快推进农业现代化，努力走出一条生产技术先进、经营规模适度、市场竞争力强、生态环境可持续的中国特色新型农业现代化道路。

发展生态循环农业，按照减量化、再利用、资源化的原则，构建资源节约、环境友好的农业生产经营体系，既有利于应对气候变化，也有利于提升农产品的国际竞争力。生态循环农业以生态学原理及其规律为指导，不断提高太阳能的固定率、物质循环的利用率、生物能的转化率并以资源的高效利用和循环利用为核心，以低消耗、低排放、高效率为基本特征，切实保护和改善生态环境，防止污染，维护生态平衡，变农业和农村经济的常规发展为持续发展，把环境建设同经济发展紧密结合起来，在最大限度地满足人们对农产品日益增长的需求的同时，使之达到生态系统的结构合理、功能健全、资源再生、系统稳定、管理高效、发展持续的目的。生态循环农业是农业发展方式的重大革新，是综合运用可持续发展思想、循环经济理论和生态工程学方法，以资源节约利用、产业持续发展和生态环境保护为核心，通过调整和优化农业的产业结构、生产方式和消费模式，实现农业经济活动与生态良性循环的可持续发展。

发展生态循环农业，可以针对我国地域辽阔，各地自然条件、资源基础、社会与经济发展水平差异较大的情况，充分吸收我国传统农业精华，结合现代科学技术，以多种生态模式、生态工程和丰富多彩的技术类型装备农业生产，使各区域都能扬长避短，充分发挥地域优势，保证各产业都能根据社会需要与当地实际协调发展。可以运用物质循环再生原理和物质多层次利用技术，通过物质循环和能量多层次综合利用和系列化深加工，实现较少废弃物的生产和提高资源利用效率，实行废弃物资源化利用，降低农业成本，提高效益，为农村大量剩余劳动力创造农业内部就业机会，保护农民从事农业的积极性。因此，完善生态循环农业模式，推广生态循环农业实用技术，对加快我国农业发展具有极其重要的现实意义。

然而，生态循环农业技术的开发与推广应用具有很强的外部性，它不仅能产生明显的经济效益，还会带来巨大的生态效益和社会效益，但这种外部性却很难内化为从事生态循环农业技术研究开发和推广应用部门的直接收益。因而，目前其研发和推广应用的动力仍显不足，不仅原有的优良传统技术没有得到很好发展，而且有自主知识产权并具有良好适用性和较高推广应用价值的实用技术较为缺乏。生态循环农业关键技术特别是农业生产资源节约集约利用、农业废弃物循环利用等方面的实用技术集成创新与推广应用滞后，极不利于我国农业的可持续发展。

欣喜"生态循环农业实用技术系列丛书"的问世，它首先贯彻了党的十八大绿色发展、循环发展、低碳发展的生态文明建设精神，同时符合中国现代农业科技发展之需求，也弥补了当今广大农村在实施生态循环农业中实用技术集成创新与推广的欠缺。

相信"生态循环农业实用技术系列丛书"的出版，能够有助于加快推进生态环境可持续的中国特色新型农业现代化的发展。

中国工程院　院士
国际欧亚科学院　院士　金鉴明

2014 年 4 月 18 日

丛书序二

从 20 世纪 80 年代开始，部分发达国家提出了生态农业概念，引起了世界各国的普遍重视。相对于传统农业而言，生态循环农业更加注重将农业经济活动、生态环境建设和倡导绿色消费融为一体，更加强调产业结构与资源禀赋的耦合、生产方式与环境承载的协调，是实现农业的经济、社会、生态效益有机统一的有效途径。生态循环农业是按照生态学原理和经济学原理，运用现代科学技术成果和现代管理手段，以及传统农业的有效经验建立起来的，它不是单纯地着眼于当年的产量和经济效益，而是追求经济效益、社会效益、生态效益的高度统一，使整个农业生产步入可持续发展的良性循环轨道。生态循环农业强调发挥农业生态系统的整体功能，以大农业为出发点，按"整体、协调、循环、再生"的原则，全面规划，调整和优化农业结构，使农、林、牧、副、渔各业和农村一、二、三产业综合发展，并使各业之间互相支持，相得益彰，提高综合生产能力。生态循环农业是伴随着整个农业生产的不断发展而逐步形成的一种全新农业发展模式。加快生态循环农业发展，既要注重总结与推广我国传统农业中属于生态农业的经验和做法，如：合理轮作、种植绿肥、施用有机肥等，还要加强研究与大力推广先进的生态循环农业新技术，如：为了减少白色污染而研制的光解膜、生物农药、生物化肥、秸秆还田、节水灌溉等。

加快发展生态循环农业，走资源节约、生态保护的发展路子，既有利于实现农业节能减排，减轻对环境的不良影响，又有利于改善农产品品质，提升产业发展水平，更好地将生态环境优势转化为产业和经济优势，满足城乡居民对农业的物质产品、生态产品和文化产品的需求，为农民增收开辟新的渠道。发展生态循环农业，通过优化农业资源配置，推行节约集约利用，有利于防止掠夺式生产带来的资源过度消耗；通过农业废弃物的资源化利用，有利于改善和保护生态环境，缓解环境承载压力，增强农业发展的协调性和可持续性。

2014 年中央一号文件《关于全面深化农村改革加快推进农业现代化的若干意见》明确提出，要以解决好地怎么种为导向加快构建新型农业经营体系，以解决好地少水缺的资源环境约束为导向深入推进农业发展方式转变，以满足吃得好吃得安全为导向大力发展优质安全农产品，努力走出一条生产技术先进、经营规模适度、市场竞争力强、生态环境可持续的中国特色新型农业现代化道路。同时明确指出，要加大农业面源污染防治力度，支持高效肥和低残留农药使用、规模养殖场畜禽粪便资源化利用、新型农业经营主体使用有机肥、推广高标准农膜和残膜回收等试点，促进生态友好型农业发展。

为了适应我国农业发展的新形势以及中央关于农业和农村工作的新任务、新要求，"生态循环农业实用技术系列丛书"编写委员会组织有关高等院校、科研机构、推广部门、涉农企业等近 30 家单位长期从事生态循环农业技术研发的100 多位技术研究和推广人员，从农业生产资源节约集约利用、农业废弃物循环利用两大方面着手，选定 20 个专题进行了深入的理论研究与广泛的实践应用试验，形成了 20 部"实用技术"书稿。我相信此套丛书的出版，必将为加快我国生态环境可持续的特色新型农业现代化发展注入新的活力并发挥积极作用。

中国工程院院士 方智远

2014 年 4 月 22 日

丛书前言

　　农业作为自然再生产与经济再生产有机结合的产业，离不开自然资源和生态环境的有效支撑。我国农业资源禀赋不足，且时间、空间分布上很不均衡，受经营制度、生产习惯等多种因素的影响，农业小规模分散经营，单纯依靠资源消耗、物质投入的粗放型生产方式尚未根本转变。随着经济社会的快速发展和人们生活水平的不断提高，城乡居民对农业的产品形态、质量要求发生深刻变化，既赋予了农业更为丰富的内涵，也提出了新的更高要求。在资源环境约束、消费需求升级、市场竞争加剧的多重因素逼迫下，我们正面临转变发展方式、推进农业转型升级的重大任务。随着工业化、城市化的快速推进以及农业市场化的步伐加快，农业受到资源制约和环境承载压力越来越突出，保障农产品有效供给、促进农民增收和实现农业可持续发展，更加有赖于有限资源的节约、高效、循环利用，有赖于生态环境的保护和改善，以增加资源要素投入为主、片面追求面积数量增长、污染影响生态环境的粗放型生产经营方式已难以为继。发展生态循环农业，运用可持续发展思想、循环经济理论和生态工程学的方法，加快构建资源节约、环境友好的现代农业生产经营体系，是顺应世界农业发展的新趋势和现代农业发展的新要求，是转变发展方式、推进农业转型升级的有效途径，是改善生态环境、建设生态文明的现实举措。发展生态循环农业，有助于突破资源瓶颈制约，开拓农业发展新空间；有助于协调农业生产与生态关系，促进农业可持续发展；有助于推进农业产业融合，拓展农业功能，推动高效生态农业再拓新领域、再创新优势，为农业和农村经济持续健康发展奠定良好的基础。

为了加快生态循环农业技术集成创新，促进新型实用技术推广与应用，推动农业发展方式转变与产业转型升级，实现农业的生态高效与可持续发展。由浙江科技学院、嘉兴职业技术学院、浙江农林大学、浙江省农业生态与能源办公室、浙江省科学技术协会、浙江省循环经济学会共同牵头，邀请浙江大学、中国农业科学院、上海交通大学、浙江省农业科学院、浙江理工大学、浙江海洋学院、江苏省中国科学院植物研究所、温州科技职业学院、浙江省淡水水产研究所、江苏省海洋水产研究所、嘉兴市农业经济局、嘉兴市农业科学研究院、泰州市出入境检验检疫局、嘉兴市环境保护监测站、绍兴市农村能源办公室、上海市奉贤区食用菌技术推广站、乐清市农业局特产站、温州市蓝丰农业科技开发中心等近 30 家单位长期从事生态循环农业技术研究与推广的 100 多位专家，合作开展生态循环农业实用技术研发及系列丛书编写，并按农业生产资源节约集约利用实用技术、农业废弃物循环利用实用技术 2 个系列分别进行技术集成创新与专题丛书编写。在全体研发与编写人员的共同努力下，研究工作进展顺利并取得了一系列的成果：发表了 400 余篇论文，其中 SCI 与 EI 收录 110 多篇；获得了 500 多个授权专利，其中发明专利 60 多个；编写了《农业生产节药实用技术》《湿地农业立体种养实用技术》《水肥一体化实用技术》《设施农业物联网实用技术》《秸秆还田沃土实用技术》《生物炭环境生态修复实用技术》《沼液无害化处理与资源化利用实用技术》《桑、果树废枝栽培食用菌实用技术》《屠宰废水人工湿地处理实用技术》《蚕桑生产废弃物资源化利用实用技术》等系列丛书20分册，其中"节约集约农业实用技术系列丛书"8册、"农业废弃物循环利用实用技术系列丛书"12册。

生态循环农业实用技术研发与系列丛书编写工作的圆满完成，得益于浙江省委农办、浙江省农业厅有关领导的亲切关怀和大力支持，也得益于浙江大学、中国农业科学院、上海交通大学、浙江省农业科学院、浙江理工大学、浙江海洋学院等单位领导的全力支持与积极配合，更得益于全体研发与编写人员的共同努力和辛勤付出。在此，向大家表示衷心的感谢，并致以崇高的敬意！另外，还要特别感谢中国工程院院士、国际欧亚科学院院士金鉴明先生和中国工程院院士方智远先生的精心指导，并为丛书作序。

由于时间仓促，编者水平有限，丛书中一定还存在着的许多问题和不足，恳请广大读者批评指正！

编委会

2014 年 3 月

前　言

　　我国用不到世界9％的耕地养活了世界21％的人口，应当说这是一项举世瞩目、值得自豪的成就。但是，我们不应当忽视另一个现实——我国目前在世界9％的耕地上，每年消耗的化肥总量占世界化肥总量的30％。我国单位面积耕地的化肥用量是世界平均值的4倍多。这不仅造成农业生产成本增加，而且化肥的大量施用已导致土壤板结、水体富营养化等生态问题，并影响作物的生长发育，使农作物抗病虫害能力降低，从而增加农药的施用量和使用频率，威胁农产品质量安全，影响农业产量的进一步提高和农业的可持续发展。

　　党中央、国务院十分重视测土配方施肥工作。早在2005年中央一号文件就明确提出，"推广测土配方施肥，提升土壤有机质"。中央有关领导多次强调，要指导和帮助农民合理施用化肥，切实解决农业和农村面源污染的问题。推广测土配方施肥技术，已成为一项长期而重要的工作任务。推广测土配方施肥不仅对于提高粮食单产、降低生产成本、保证粮食增产和农业增效、减少化肥对环境污染起着重要的作用，而且进一步加大测土配方施肥推广力度，普及科学施肥技术，对于节能减排与促进农民增收，以及对于建设"优质、高产、高效、生态、安全"的现代农业，实现农业的可持续发展都具有深远的意义。

　　本书概述了测土配方施肥的基本原理、测土与配方施肥的基本方法，主要介绍了提高化肥利用率的措施与有机肥的合理施用技术，并结合嘉兴市实际介绍了几种大田作物的测土配方施肥技术方案、主要蔬菜与花卉营养失衡的症状与诊断方法，适于农业科技人员、农民朋友和肥料生产、经营者阅读。本书的编写，得到了嘉兴市农业济经局、嘉兴市农业科学研究院，以及嘉兴从事农业推广工作的王国峰、石艳平、张立民、金炳华、黄芳等专家与技术人员的大力帮助，在此一并表示衷心的感谢。对被本书引用的所有文献的作者们深表谢忱。

由于编者水平有限，加之编写时间仓促，书中难免存有不妥之处，恳请读者批评指正。

编　者

2013 年 10 月

目　录

第一章 概　述

俗话说"庄稼一枝花，全靠肥当家"，可见肥料对植物生长发育来说是非常重要的。植物所需的养分一部分来源于土壤供应，另一部分来源于人工施入的肥料，尤其对于现代农业，农作物的优质、高产，除了品种因素外，肥料因素起着主要作用，肥料的作用占 30%～50%。但是，肥料的不足、过量，或是肥料中各养分不平衡，都会影响农作物的品质与产量。随着我国化肥工业的发展，施肥的负面效应也在不断增加，其中因为大量施用肥料引发了一系列的问题：水体的富营养化及地下水污染；大气污染；有害物质在土壤中积累，降低土壤质量，破坏土壤的性状，导致农产品污染，危及食品安全等。随着"优质、高产、高效、生态、安全"农业的发展，转变施肥观念、实行科学施肥，成为今后的一项长期性任务。推广测土配方施肥技术，对于提高肥料利用率、减少肥料浪费，保护农业生态环境、保证农产品质量安全、实现农业可持续发展具有深远的意义。

第一节　什么是测土配方施肥

测土配方施肥是根据土壤养分监测状况和肥料田间试验为基础，根据作物生长需肥规律、土壤供肥性能和肥料性质及肥料利用率，结合当地农业生产和作物产量水平，按照作物生长期养分投入与产出相对平衡的原理，拟定科学配方进行合理施肥的一项先进实用技术。

可以说，测土配方施肥可以很好地发挥施肥的正面效应，尽可能地减少施肥的负面效应，坚持以有机肥料为基础，实行有机肥料与化学肥料相结合，培肥地力，改良土壤和节省化肥用量，有利于提高农产品品质和产量。

第二节 国内外测土配方施肥的发展简史

一、国外测土配方施肥的发展简史

1840 年，德国农业化学家李比希（Liebig）提出了"矿质营养理论"，为化肥的生产与应用奠定了科学的理论基础。1842 年，英国人 J. B. 劳斯（John Lawes）取得骨粉加硫酸制造过磷酸钙的专利权；1839 年，在德国的施塔斯富特发现第一个水溶性钾盐矿，1856 年开始采矿，1861 年建成钾肥厂投产；20 世纪 40～50 年代，合成氨工业快速发展，氮肥的产量超过了磷肥和钾肥。1943 年，英国科学家在洛桑试验站布置长期肥效定位试验，开始了科学施肥技术的探索历程，各国土壤肥料科技工作者在确定科学合理的施肥数量、施肥品种、施肥方式和施肥时期方面，开展了大量的研究工作，提出了多种科学施肥技术方法，测土配方施肥就是其中之一。目前，美国测土配方施肥技术覆盖面积达到农业生产面积的 80％以上。

二、国内测土配方施肥的发展简史

积造施用农家肥、土杂肥，改良土壤、培肥地力一直是我国传统农业的精华，1901 年氮肥从日本输入我国台湾，开创了我国施用化肥的新纪元。1950 年，提出全国中低产田的分区与整治对策，对我国耕地后备资源进行了评估，科学施肥成为发展粮食生产的重要措施之一。1959—1962 年组织开展了第一次全国土壤普查和 1979 年开展了第二次全国土壤普查工作，摸清了我国耕地基础信息。1981—1983 年组织开展了第三次大规模的化肥肥效试验，对氮、磷、钾及中、微量元素肥料协同效应进行了系统研究。随后，开展缺素补素、配方施肥和平衡施肥技术推广工作，到 20 世纪 90 年代，我国的测土配方施肥技术先后经历了由简到繁、由粗放到精确的发展过程。20 世纪 90 年代后期，由于缺乏推广力度和资金支持，该项技术推广进度缓慢，应用不够广泛，农民按照习惯施肥的比例仍然较高，施肥过量和施肥不足各占三成，只有 1/3 的农户施肥尚在基本合理的范围内，因此引起的作物产量徘徊、肥料浪费严重、经济效益下降和环境污染加重等问题已相当突出。

　　近年来，党和政府高度重视测土配方施肥工作，从"七五"到"十二五"，测土配方施肥研究与应用均被列为国家重点科技攻关项目。中央领导曾多次强调，要指导和帮助农民合理施用化用、农药，切实解决面源污染问题。从 2005 年开始，农业部组织了全国范围的测土配方施肥行动。至 2012 年，测土配方施肥实施 7 年来，中央财政累计投入资金 57 亿元，项目县（场、单位）达到 2 498 个，基本覆盖所有农业县（场），实现了从无到有、由小到大、由试点到"全覆盖"的历史性跨越，测土配方施肥技术推广面积达到 12 亿亩*以上，惠及全国 2/3 的农户。基本摸清了我国 1 857 个项目县（场）14 亿亩耕地土壤养分状况，特别是发现了土壤酸化、耕层变浅、磷素养分富集和耕地养分失衡等重大共性问题。这是继 1979 年全国第二次土壤普查之后，首次对全国耕地土壤进行"全面体检"，为因土种植、因土施肥提供了科学依据。截至 2011 年，通过实施测土配方施肥，全国累计减少不合理施肥 700 多万吨，据专家推算，相当于节约燃煤 1 820 万吨、减少二氧化碳排放量 4 730 万吨。同时，减少氮、磷流失 6%～30%，有效减轻了面源污染。

---

* 亩为非法定计量单位，1 亩＝1/15 公顷，下同。——编者注

第三节　测土配方施肥的作用

一、提高农作物产量，增加收入

测土配方施肥提高农作物产量有三种形式：一是调肥增产。在合理施用有机肥料的前提下，不增加化肥投入量，只调整氮、磷、钾等养分配比平衡供应，使农作物单产在原有基础上，最大限度地发挥其生产潜能，起到增产增收作用。二是减肥增产。在高肥高产地区，通过农田土壤有效养分的测试，掌握土壤供肥状况，减少化肥投入量，科学调控农作物营养均衡供应，达到增产或平产的效果，节约生产成本。三是增肥增产。有针对性地增加土壤稀缺的营养元素种类，在低肥瘠土区通过增加肥料用量来提高作物产量，增加收入。

二、培肥地力，提高农作物的抗逆性

测土配方施肥不仅直接表现在作物增产效应上，还体现在培肥土壤、提高土壤肥力上，改善土壤的理化性质，使土壤生态得以保护。生产实践表明，农作物的许多病害是由于偏施肥料而引起的，尤其是偏施氮肥。采用测土配方施肥可以调控土壤和作物的营养，起到防治农作物病害的作用。另外，在缺硼土壤上配合施用硼肥后，对防治棉花"蕾而不花"、油菜"花而不实"、小麦"亮穗"等生理病症均有明显效用。此外，还能提高农作物的耐旱、耐寒、抗冻性能，特别是磷、钾肥对提高农作物的抗逆性作用最大。

三、协调养分，提高农作物的品质

过去我国农田大多偏施氮肥，呈现"氮多、磷少、钾缺"的状况，致使土壤养分失调，因为农作物产量受"最小养分律"的制约，导致肥多却不增产，还使农产品质量降低，导致"瓜不甜、果不香、菜无味"。采用测土配方施肥可以调整化肥施用比例，消除土壤中的养分障碍因子，协调养分，提高产品的品质。

四、节约资源，保护环境

化肥是资源领带型产品，化肥生产必须消耗大量的天然气、煤、石油、电力和有限的矿物资源。节省化肥施用就是节约资源。此外，还能降低了农村的面源污染，减少水体的富营养化和减少农产品硝酸盐含量超标的问题。

第四节　测土配方施肥的依据

一、必需营养元素同等重要律和不可代替律

新鲜的植物体由水和干物质两部分组成，干物质又可分为有机质和矿物质两部分。水分要占新鲜植物体的 $75\%\sim95\%$，干物质占到 $5\%\sim25\%$。如果将新鲜植株中的水分烘干，剩下的部分为干物质，绝大部分是有机物，一般占干物质重的 $90\%\sim95\%$，其余的一般占干物质重的 $5\%\sim10\%$ 是无机物。干物质经灼烧后，有机物质被氧化而分解，并以各种气体的形式逸出，这些气体的主要成分是碳（C）、氢（H）、氧（O）、氮（N）4 种元素；植物体煅烧后不挥发的残留部分为灰分，其成分相当复杂，包括磷（P）、钾（K）、钙（Ca）、镁（Mg）、硫（S）、铁（Fe）、锰（Mn）、锌（Zn）、铜（Cu）、钼（Mo）、硼（B）、氯（Cl）、硅（Si）、钠（Na）、钴（Co）、铝（Al）、镍（Ni）、钒（V）、硒（Se）等。现代分析技术研究表明，在植物体内可检出 70 多种矿质元素，几乎自然界里存在的元素在植物体内部都能找到。然而，由于植物种类和品种的差别，以及气候条件、土壤肥力、栽培技术的不同，都会影响植物体内元素的组成。如盐土中生长的植物含有钠（Na），酸性红黄壤上的植物含有铝（Al），海水中生长的海带含有较多的碘（I）等。这就说明，植物体内

吸收的元素，一方面受植物的基因所决定；另一方面还受环境条件所影响。这也同时说明，植物体内所含的灰分元素并不全部都是植物生长发育所必需的。有些元素可能是偶然被植物吸收的，甚至还能大量积累；但是，有些元素对于植物的需要量虽然极微，然而却是植物生长不可缺少的营养元素。因此，植物体内的元素可分为必需营养元素和非必需营养元素。

(一) 植物必需营养元素的确定

通过营养溶液培养法来确定植物生长发育必需的营养元素是较为可靠的。方法是在培养液中系统地减去植物灰分中某些元素，而植物不能正常生长发育，这些缺少的元素，无疑是植物营养中所必需的。如省去某种元素后，植物照常生长发育，则此元素属非必需的。1939 年阿诺（Arnon）和斯吐特（Stout）提出了高等植物必需营养元素判断的三条标准：

第一，如缺少某种营养元素，植物就不能完成其生活周期；第二，如缺少某种营养元素，植物呈现专一的缺素症，其他营养元素不能代替它的功能，只有补充它后症状才能减轻或消失；第三，在植物营养上直接参与植物代谢作用，并非由于它改善了植物生活条件所产生的间接作用。

当某一元素符合这三条标准的，则称为必需营养元素。目前确定了以下 17 种高等植物必需营养元素：碳（C）、氢（H）、氧（O）、氮（N）、磷（P）、钾（K）、钙（Ca）、镁（Mg）、硫（S）、铁（Fe）、锰（Mn）、硼（B）、铜（Cu）、锌（Zn）、钼（Mo）、氯（Cl）和镍（Ni）。

(二) 植物必需营养元素的分组

1. 按必需营养元素在植物体内的含量分组　在 17 种必需营养元素中，由于植物对它们的需要量不同，可以分为大量营养元素、中量营养元素和微量营养元素。

（1）大量营养元素　大量营养元素一般占植株干物质重量的百分之几十到千分之几。它们是碳（C）、氢（H）、氧（O）、氮

（N）、磷（P）、钾（K）6种。

（2）中量营养元素　中量营养元素的含量占植株干物质重量的百分之几到千分之几，它们是钙（Ca）、镁（Mg）、硫（S）3种，有人也称这三种营养元素为次量元素。

（3）微量营养元素　微量营养元素的含量只占植株干物质重量的千分之几到十万分之几。它们是铁（Fe）、硼（B）、锰（Mn）、铜（Cu）、锌（Zn）、钼（Mo）、氯（Cl）、镍（Ni）8种。

2. 按必需营养元素的一般生理功能分组　各种必需营养元素在植物体内都有着各自独特的作用，但营养元素之间在生理功能方面也有相似性，依此可以把营养元素分为以下四组：

（1）构成植物活体的结构物质和生活物质的营养元素，它们是C、H、O、N、S。结构物质是构成植物活体的基本物质，如纤维素、半纤维素、木质素及果胶物质等。而生活物质是植物代谢过程中最为活跃的物质，如氨基酸、蛋白质、核酸、类脂、叶绿素、酶等。C、H、O、N和S同化为有机物的反应是植物新陈代谢的基本生理过程。

（2）P、B和Si有相似的特性，都以无机阴离子或酸的形态而被吸收，在植物细胞中，它们或以上述无机形态存在或与醇结合形成酯类。

（3）K、Na、Ca、Mg、Mn和Cl以离子形态从土壤溶液中被植物吸收，在植物细胞中，它们只以离子形态存在于汁液中，或被吸附在非扩散的有机阴离子上。

（4）Fe、Cu、Zn、Mo和Ni主要以螯合形态存在于植物中。

（三）肥料三要素

1. 必需营养元素的来源　在17种必需营养元素中，碳、氢和氧是植物从空气和水中取得的。除豆科植物可以从空气中固定一定数量的氮素外，一般植物主要是从土壤中取得氮素，其余的

13 种营养元素都是从土壤中吸取的，这就是说土壤不仅是支撑植物的场所，而且还是植物所需养分的供给者。进一步研究表明，不仅不同种植物对土壤中不同种元素的需要量不同，而且土壤供应不同种营养元素的能力也有差异。这主要是受成土母质种类和土壤形成时所处环境条件等因素的影响，使它们在养分的含量上有很大差异，尤其是植物能直接吸收利用的有效态养分的含量，更是差异悬殊。因此，土壤养分供应状况往往对植物产量有直接影响。

2. 肥料三要素 在土壤的各种营养元素之中，除了 C、H、O 外，N、P、K 三种元素是植物需要量和收获时所带走较多的营养元素，而它们通过残茬的形式归还给土壤的数量却又是最少的，一般归还比例（以根茬落叶等归还的养分量占该元素吸收总量的百分数）还不到 10%，而一般土壤中所含的能为植物利用的这三种元素的数量却都比较少。因此，在养分供求之间不协调，并明显地影响着植物产量的提高。为了改变这种状况，逐步地提高植物的生产水平，需要通过肥料的形式补充给土壤，以供植物吸收利用。所以，人们就称它们为"肥料三要素"或"植物营养三要素"或"氮磷钾三要素"。自 19 世纪以来，人们非常重视研究三要素的增产增质作用，这就促进了氮、磷、钾化肥工业的迅速发展，补充了土壤氮磷钾养分的亏缺，提高了产量。

(四) 必需营养元素与植物生长

植物体在整个生育期中需要吸收各种必需营养元素，且数量有多有少，它们之间差异很大，也只有保持这样的数量和比例，植物体才能健康地生长发育，为人类生产出尽可能多的产量，否则某一种必需营养元素不足或缺乏，就会影响植物体的生长发育，导致最终没有产量，所以，必需营养元素与植物生长发育是紧密相关的。生产上，土壤中各种有效养分的数量并不一定就符合植物体的要求，往往需要通过施肥来调节，使之符合植物的需要，这就是养分的平衡。土壤养分平衡是植物正常生长发育的重要条件之一。

　　值得注意的是，随着化肥工业的发展，化肥施用水平不断提高，在单一施用氮肥的情况下，很多地区已表现出土壤缺磷、缺钾，或缺微量元素，破坏了养分平衡，植物生长受到明显的抑制，产量不可能再提高。我们把人为施肥造成的养分比例不平衡，称为养分比例失调。养分比例失调会严重影响植物对其他营养元素的吸收和体内代谢过程，最后导致产量降低，品质下降。

二、植物营养的选择性

　　植物常常根据自身的需要，对外界环境中的养分有高度的选择性。当把植物栽培在同一种土壤上，常因植物种类不同，它们所吸收的矿物质成分和总量就会有很大的差别。如薯类植物需钾比禾本科植物多；豆科植物需磷较多；叶菜类需氮较多，所以，施肥时必须考虑植物营养的选择性，投其所好。

三、植物营养的连续性和阶段性

　　植物营养期是指植物从土壤中吸收养分的整个时期。在植物营养期的每个阶段中，都在不间断地吸收养分，这就是植物吸收养分的连续性。但植物对养分的吸收又有明显的阶段性。这主要表现在植物不同生育期中，对养分的种类、数量和比例有不同的要求。在植物营养期中，植物对养分的需求，有两个极为关键的时期，一个是植物营养的临界期，另一个是植物营养的最大效率期。

（一）植物营养的临界期

　　在植物营养过程中，有一时期对某种养分的要求在绝对数量上不多，但很敏感、需要迫切，此时如缺乏这种养分，植物生长发育和产量都会受到严重影响，并由此造成的损失，即使以后补施该种养分也很难纠正和弥补。这个时期称为植物营养的临界期。一般出现在植物生长的早期阶段。水稻、小麦磷素营养临界期在三叶期，棉花在二三叶期，油菜在五叶期以前；水稻氮素营养临界期在三叶期和幼穗分化期，棉花在现蕾初期，小麦和玉米一般在分蘖期、幼穗分化期；钾的营养临界期资料较少。

（二）植物营养最大效率期

在植物生长发育过程中还有一个时期，植物需要养分的绝对数量最多，吸收速率最快，肥料的作用最大，增产效率最高，这个时期称为植物营养最大效率期。植物营养最大效率期一般出现在植物生长的旺盛时期，或在营养生长与生殖生长并进时期。此时植物生长量大，需肥量多，对施肥反应最为明显。如玉米氮肥的最大效率期一般在喇叭口至抽雄初期，棉花的氮、磷最大效率期在盛花始铃期。为了获得较大的增产效果，应抓住植物营养最大效率期这一有利时期适当追肥，以满足植物生长发育的需要。

四、养分归还学说

19世纪中叶，德国化学家李比希（Liebig）根据索秀尔（Saussure）、施普林盖尔（Sprengel）等人的研究和他本人的大量化学分析材料，认为植物仅从土壤中摄取为其生活所必需的矿物质养分，每次收获必从土中带走某些养分，使得这些养分物质在土壤中贫化。但土壤贫化程度因植物种类不同而不同，进行的方式也不一致。某些植物（例如豌豆）主要摄取石灰（Ca），其他一些则大量摄取钾，另外一些（谷类植物）主要摄取硅酸，因此，植物轮换茬只能减缓土壤中养分物质的贫竭和协调地利用土壤中现存的养分源泉。如果不正确地归还植物从土壤中所摄取的全部物质，土壤肥力迟早是要衰竭的。要维持地力就必须将植物带走的养分归还于土壤，办法就是施用矿质肥料，使土壤的养分损耗和营养物质的归还之间保持着一定的平衡。这就是李比希的养分归还学说。其要点是为恢复地力和提高植物单产，通过施肥把植物从土壤中摄取并随收获物而移走的那些养分归还给土壤。自从养分归还学说问世之后，不仅产生了巨大的化肥工业，而且使农民知道要耕种并持续不断的高产就得向土壤施入肥料。

五、最小养分律

为了有效地施用化学肥料，李比希在自己的试验基础上，于1843 年又创出了最小养分律。按李比希自己的说法是"田间植物产量决定于土壤中最低的养分，只有补充了土壤中的最低养分才能发挥土壤中其他养分的作用，从而提高农作物的产量"。这就是施肥的"木桶理论"。最小养分律是科学施肥的重要理论之一。当代的平衡施肥理论就是以李比希的最小养分律为依据发展建立的。生产上及时注意最小养分的出现并不失时机的予以弥补，使得产量持续不断的增产，但是在应用最小养分方面应注意以下三点：

第一，最小养分是指土壤中有效性养分含量相对最少的养分，只有补施最小养分，才能提高产量；第二，补充最小养分时，还应考虑土壤中对植物生长发育必需的其他养分元素之间的平衡；第三，最小养分是可变的，它是随植物产量水平和土壤中养分元素的平衡而变化。必须经常进行土壤养分的测定，研究土壤—植物系统中养分的变化，及时通过科学施肥平衡和调整。

六、报酬递减律

报酬递减律是一个经济学上的定律。18 世纪后期，欧洲经济学家杜尔哥和安德森根据投入与产出之间的关系提出来的。目前对该定律的一般表述是：从一定土地上所得到的报酬随着向该土地投入的劳动和资本量的增大而有所增加，但随着投入的单位劳动和资本量的增加，到一个"拐点"时，投入量再增加，则肥料的报酬却在逐渐减少。即最初的劳力和投资所得到的报酬最高，以后递增的单位劳力和投资所得到的报酬是渐次递减的。

要强调指出的是，报酬递减律是有前提的，它只反映在其他技术条件相对稳定情况下，某一限制因子（或最小养分）投入

（施肥）和产出（产量）的关系。如果在生产过程中，某一技术条件有了新的改革和突破，那么原来的限制因子就让位于另一新的因子，同样，当增加的新的限制因子达到适量以后，报酬仍将出现递减趋势。充分认识报酬递减规律，在施肥实践中，就可以避免盲目性，提高利用率，发挥肥料的最大经济效益。

七、因子综合作用律

植物产量是光照、水分、养分、温度、品种及耕作栽培措施等因子综合作用的结果，但其中必有一个起主导作用的限制因子，产量在一定程度上受该限制因子的制约。

第二章　测　　土

"测土"是配方施肥的基础，也是制定肥料配方的重要依据。能否将肥料施好，首先看能否将"测土"这个步骤做好，因此这一步很关键。它又包括对土壤基本组成与性质的了解和土样的化验分析两个环节，具体开展时要根据测土配方施肥的技术要求、作物种植和生长情况，选择重点区域，了解土壤的基本组成与性质，然后对代表性地块进行有针对性的取样分析，这样才能正确测定土壤中的有关营养元素，摸清土壤肥力的详细情况，掌握好土壤的供肥性能。就像医生看病，首先要进行把脉问诊一样，"测土"工作就是对土地的肥力情况进行把脉。

第一节　土壤的基本组成

土壤是地球陆地上能够产生植物收获物的疏松表层。土壤是人类衣食之源，是人类世代相传的生存条件和再生产条件。"珍惜每一寸土地，合理利用每一寸土地"是我国的一项基本国策。土壤上之所以能够生长植物，是因为其具有为植物提供水分和养分的能力，以及协调自身空气和温度状况以适合植物生长的能力，这种能力我们称之为土壤肥力，而"水、肥、气、热"我们则称之为四大肥力要素。

土壤归根到底是由岩石变来的。坚硬的大块岩石变成疏松和具有肥力的土壤，需要经过漫长而又复杂的演变过程。这个过程可概括为岩石风化过程和土壤形成过程。岩石的风化过程产生了形成土壤的母质，成土母质经过漫长的成土因素的作用而形成了土壤。因此，岩石—母质—土壤之间有着密切的关系，土壤的基本组成与其性质也与岩石的风化、母质的成土过程有着不可分割的紧密关系。

一、岩石的风化作用

岩石是一种或数种矿物的天然集合体。按成因它可以分为岩浆岩（火成岩）、沉积岩和变质岩三大类。

岩石是在地壳深处条件下形成的，当岩石一旦裸露于地表后，在常温、常压和有水、有氧、有生物活动的新环境中，其物理性状和化学成分，就会发生相应的改变。这种使岩石破碎、成分和性质发生改变的作用称为岩石的风化作用。岩石经风化作用形成的产物称为成土母质，简称母质。因此，风化过程也就是土壤母质形成的过程。

根据外界因素的性质，风化作用可分为物理风化、化学风化和生物风化三个方面，它们是相互联系、相互促进的，同时同地共同对岩石产生破坏作用，只是在不同条件下各种风化作用的强度不同而已。

二、成土母质的特性和类型

（一）成土母质的特性

1. 分散性和保水、保肥性的发展　母质中出现微细颗粒，其中一部分属于胶体范围，因而发展了表面吸附性能，可以保存一些水分和养料，但与土壤相比，还是微不足道的。

2. 出现了通透性和蓄水性　母质比岩石疏松多孔，能通气透水，其热性质也有一定的发展。同时由于细小颗粒的产生，使母质具有一定的毛管现象，从而增加了蓄水性能，但与土壤相比，水气的矛盾较大，很不协调。

3. 含有一定的养分　经过风化后释放出来的养分，可以被植物吸收的，但风化物保蓄养分能力差，养分大部分被淋失，且呈分散状态存在。母质不仅含养分少，而且缺乏氮素。因此较之土壤，无论是养分的数量上还是养分种类上都还不能满足植物生长的需要。

（二）成土母质的类型

在自然界，风化的产物很少保留在原地，大多数被流水、风力、冰川及重力的作用，搬运到其他地方沉积下来，根据其成因，可分为以下几种类型：

1. 残积母质（残积物） 岩石风化产物就地堆积，称为残积母质，也称为原积母质。残积母质一般处在山地的平缓处或丘陵岗背，是搬运和堆积作用较少的地段，所形成的土壤一般肥力不高，但与山区林业发展关系极大。

2. 坡积母质（坡积物） 山坡上的风化物受水流和重力的联合作用，在坡地下部或山麓堆积起来就形成坡积母质。所形成的土壤一般肥力较高，在自然条件较好的低山区是果木和经济林木的主要用地。

3. 洪积母质（洪积物） 山洪暴发时挟带的泥沙、砾石在山谷出口处较平缓地带堆积的堆积物称为洪积母质。由于山谷出口地势宽坦，坡降骤然减小，水流由集中变为放射状散流，流速减慢，使携带的泥沙尤其是粗大的碎屑物在谷口堆积下来，形成扇状地形，称为洪积扇。在山麓地带，洪积扇可以一个个互相联结，分布面积较大。

以上几种母质，多发生在山区及丘陵区。有时几种母质混杂在一起，无法区分，而形成残积—坡积体、坡积—洪积体等母质类型。

4. 冲积母质（冲积物） 风化物经常年流水（河流）的侵蚀、搬运而沉积在河流两岸的沉积物，称为冲积物。在杭嘉湖平原和其他大河中下游，冲积母质分布甚广，都是主要的农业区，土壤肥力较高。

5. 湖积母质（湖积物） 由搬运至湖泊中的泥沙沉积而成，或者在湖滨浅水带，受湖浪的作用，将湖底泥沙带起，重新沉积在湖泊四周，形成平坦的湖滨平原。在太湖附近，原始古代的湖泊群，有大量的湖积物分布，长久以后就形成腐泥层、泥炭层，所形成的土壤含有大量有机质，由于通气不良，会造成还原环境。

6. 浅海沉积母质（浅海沉积物） 河流携带的大量泥沙进入海洋，在大陆沿岸沉积下来，叫做浅海沉积母质。它露出海面后，成为土壤的母质。所形成的土壤含较多可溶性盐分，呈石灰性反应，在浙江省，经脱盐淡化后，可成为主要棉麻产区和农业高产区。

7. 风积母质（风积物） 风积母质是由风力将其他成因的堆积物搬运沉积而成，其特点是质地粗、砂性大，形成的土壤肥力低。

三、土壤形成

（一）自然土壤的成土过程

自然界多种多样的土壤，是在母质、生物、气候、地形、时间等因素（称为"五大成土因素"）的综合作用下产生的，而不是单因素作用的结果。

母质是形成土壤的基础，由母质发展成土壤必须经过生物对养分集中保蓄的过程，也就是说成土过程是以生物为主导的成土因素综合作用的过程。因此，生物的出现与演变是土壤形成的关键，没有生物，土壤肥力得不到发生发展，也就不可能形成土壤。气候是主要的环境因素，对土壤形成影响最大的是温度和降雨，不同的水、热条件，对岩石风化、物质转化迁移，以及有机质积累和植被类型等影响也不相同，所形成的土壤类型也不相同。地形是影响土壤形成的间接环境因素，它影响水热状况的再分配和风化物的再分配，在同一气候带下，不同地形上由于水热条件的差异，所形成的土壤不相同。时间在成土过程中是一个强度因素，任何土壤的形成过程都需要极其漫长的时间，是珍贵的不可再生资源。因此，在实践中要积极防治水土流失，消灭裸露地，提高植被覆盖率，保护土壤资源。

（二）农业土壤的形成过程

农业土壤是在自然土壤的基础上，经过人工的熟化过程而形成的。所谓熟化过程就是在正确的耕作下，运用各项农业技术措施，改善土壤的理化性状和生物特性，定向培肥土壤的过程。在正确的熟化措施下，土壤肥力得以不断提高；但若措施不当，也可使土壤肥力严重衰退，甚至造成土壤次生盐碱化、沙化及污染等严重后果。

四、土壤的基本组成

土壤是由固体、液体和气体三相物质组成的疏松多孔体，固相物质包括土壤的矿物质、有机质和生活在土壤中的生物，占土壤总体积的 50% 左右；在固体物质之间存在着大小不同的孔隙，占据土壤总体积的另一半，孔隙里充满着空气和水分，二者互为消长，水多气少，水少则气多。

（一）土壤矿物质

土壤矿物质是土壤中所有固态无机物质的总和，它全部来源于岩石矿物的风化。按其来源和成因，可分为两类，即原生矿物和次生矿物。

1. 原生矿物 原生矿物是指岩石中原来就有的，在风化过程中，没有改变成分和结构，只是遭到机械破坏而遗留下来的矿物。如石英、长石、云母、角闪石、橄榄石等。土壤中的原生矿物主要存在于砂粒、粉砂粒等较粗的土粒中。

2. 次生矿物 次生矿物是指原生矿物在风化作用过程中，经过一系列地球化学变化后所形成的新矿物。土壤的黏粒主要是由次生矿物组成，因此也称黏粒矿物。

次生矿物大体可分为两大类：一类是铝硅酸盐类黏粒矿物，主要有高岭石、蒙脱石、伊利石；另一类是氧化物黏粒矿物，主要包括水化程度不同的铁和铝的氧化物及硅的水化氧化物，如三水铝石、针铁矿、褐铁矿等。

（二）土壤生物

土壤中生活着各种各样的生物，有动物、植物和微生物。土壤动物种类繁多，如蚯蚓、蚂蚁和昆虫等；土壤植物主要指其地下部分，包括植物根系和地下块茎等；土壤微生物具有个体小、数量大、种类多的特点，其种类根据形态可分为细菌、放线菌、真菌和原生动物等；根据需氧状况可分为好气性、嫌（厌）气性和兼气性；根据营养特点可分为自养型和异养型。

一般来说，土壤生物量越大，土壤越肥沃。通常土壤中微生物的生物量显著高于动物的生物量，所以土壤中微生物发挥着更重要的作用。

（三）土壤有机质

土壤有机质是土壤中一切含碳有机化合物及小部分生物有机残体的总称。土壤有机质含量虽然不多，约1%～5%，但它是土壤肥力高低的重要指标之一，是土壤的重要组成部分。

1. 土壤有机质的来源与分类 土壤有机质来源于各种动植物残体的分解。在农业土壤中，施入的各种有机肥是其主要的来源；在自然土壤条件下，主要来源于生长在土壤上的绿色植物残体，其次来源于生活在土壤内的微生物和动物。根据其形态可分为二类，一类是非腐殖质物质，约占土壤有机质总量的10%～15%，主要是动植物的有机残体及其不同分解程度的各种产物，它们与土粒机械地混合在一起，对疏松土壤有良好作用；另一类是腐殖质，约占土壤有机质总量的85%～90%，是有机物质经土壤微生物分解而又重新合成的一种特殊的高分子含氮有机化合物，它们与土粒紧密结合，是土壤有机质的主体。通常说的土壤有机质主要是指腐殖质。

2. 土壤有机质的转化过程 进入土壤的生物有机残体在微生物的作用下，进行复杂的生物化学变化过程，可划分为矿质化过程和腐殖质化过程。矿质化过程是指土壤的有机物质在微生物的作用下，分解成简单的有机化合物，最后被彻底分解为无机物，如 CO_2、H_2O、NH_3 等，并释放出热能的过程。土壤腐殖质化过程是指土壤有机质矿质化过程中产生的简单有机化合物，再经微生物作用又重新合成为新的、土壤中所特有的有机化合物——腐殖质的过程。

土壤有机质的矿质化和腐殖质化两个过程是方向相反但又相互依存、相互联系的矛盾对立统一过程。在实践中如何协调和控制这两个过程是个重要问题。

3. 影响土壤有机质转化的因素 土壤有机质的矿质化和腐殖质化两个过程受多种因素影响，主要有：

（1）有机残体的碳氮比 土壤微生物每分解 25～30 份碳素大约需要 1 份氮素组成自身细胞，所以进入土壤的有机残体碳氮比小于 25～30：1 时，易被微生物分解，并有多余的氮素释放供植物吸收；反之，则有机残体分解较慢，并造成微生物与植物争夺土壤中的有效氮，不利植物生长。因此，当碳氮比高于 25～30：1 的有机残体施入土壤时，应配施速效氮肥，既能促进微生物对其分解，又能缓解微生物与植物争氮。

（2）土壤的水气状况 在适宜的水分和通气良好的土壤中，好气性微生物活跃，有机残体分解快，为植物提供养分，但腐殖质积累少；反之，在水分过多、通气不良的土壤中，嫌气性微生物活动，有机质分解慢，腐殖质容易积累。

（3）土壤温度 土壤温度升高既可促进矿质化过程，又可促进腐殖质化过程，但随着温度的提高，矿质化速率的提高幅度要大于腐殖质化。

（4）土壤酸碱度 各种微生物都有它最适宜活动的土壤 pH 和可以适应的 pH 范围。例如在酸性环境中真菌仍能活动，细菌则适宜于中性，而放线菌则能在微碱性环境中生活。土壤酸碱度过高或过低对微生物活动都有抑制作用。

4. 土壤有机质的调节 要想增加土壤中的有机质，一方面是用地养地相结合，注重施用有机肥，合理安排耕作制度，提倡秸秆还田、种植绿肥等；另一方面是调节影响有机质转化的各种因素，创造有利的土壤条件，使有机质的分解与积累达到动态平衡。

（四）土壤水分与土壤空气

土壤水分与空气是土壤的重要组成物质，也是土壤肥力的重要因素，是植物赖以生存的生活条件。

1. 土壤水分 土壤水分并不是纯水，而是含有多种无机盐与有机物的稀薄溶液，处于不断地变化和运动中，土壤中进行的许多物理、化学和生物学过程都只有在水的参与下才能进行。土壤水分又是土壤肥力因素之一，一方面它是植物吸收水分的主要来源，另一方面它又会影响土壤空气的含量。

2. 土壤空气 土壤空气是主要来自于大气，少量是土壤生物化学过程中产生的气体。与大气相比较而言，土壤空气 CO_2 含量很高，通常比大气高十几倍到几十倍，而 O_2 的含量比大气少。其次，土壤空气中有时还含有少量还原性气体，如 CH_4、H_2S、H_2 等，这些气体是土壤有机质嫌气分解过程中的产物，它积累到一定浓度时会对植物起毒害作用。因此，必须保持土壤具有良好的通气性，才能使土壤中消耗的 O_2 得到补充，并排除 CO_2 和其他有毒气体，以保证根系的正常发育。

土壤通气性是通过气体的整体交换与气体分子的扩散交换得以实现，整体交换主要是气温引起气体体积的膨胀收缩、气压的变化、风的作用以及降雨和灌溉水的排挤作用等因素引起的；气体分子的扩散交换是指气体分子由浓度大处向浓度小处扩散移动，土壤空气中的 CO_2 向大气扩散，大气中的 O_2 进入土壤，使土壤空气得以更新。在生产上一般采用垄畦栽培法，起到了"以沟控水、以水调气、气促根、根长苗"的作用。

第二节　土壤的基本性质

土壤中大小不同的各种矿物质及有机物质颗粒并不是单独存在的,一般通过多种途径相互结合,形成各种各样的团聚体。土壤颗粒之间不同的结合方式,决定了土壤物理性质中的土壤质地、孔隙性、结构性、物理机械性和耕性等,也影响到土壤的保肥性、供肥性、酸碱性、缓冲性等化学性质。这些性质相互联系、相互制约,其存在状况可为土壤培肥改良、合理施肥及合理利用等提供科学依据。

一、土壤质地

土壤是一颗颗土粒的聚合体,土粒的大小差异很大,粒径从几毫米到 0.001 毫米以下,这种大小不同的土粒性质和成分都不一样,由不同大小土粒组合形成的土壤,其质地也不相同。

(一)土壤粒级

1. 土粒的分级　为了研究方便,常按一定土粒直径(粒径)大小范围将土粒分成若干级或若干组,称为粒级或粒组。相同土粒的成分和性质基本一致,不同粒级之间则有明显的差异。

土粒分级一般是将土粒分为石砾、砂粒、粉砂粒和黏粒四级。粒级划分的标准及详细程度各国不一致,主要有国际制(表2-1)和卡庆斯基制(表2-2)。

表 2-1　国际制土粒分级标准

粒级名称	粒径(毫米)
石砾	>2
粗砂砾	2~0.2
细砂粒	0.2~0.02
粉砂粒	0.02~0.002
黏粒	<0.002

表 2-2　卡庆斯基制土粒分级标准

粒级名称			粒径（毫米）
石砾			3～1
	砂粒	粗	1～0.5
		中	0.5～0.25
		细	0.25～0.05
物理性砂粒	粉砂粒	粗	0.05～0.01
		中	0.01～0.005
		细	0.005～0.001
	黏粒	粗	0.001～0.0005
		中	0.0005～0.0001
物理性黏粒		胶粒	<0.0001

　　国际制的特点是十进位制，相邻各粒级间的粒径差距均为10 倍，分级少而易记，但分级界线的人为性十分突出。

　　卡庆斯基制，又称苏联制，先把所有颗粒分为石砾（3～1毫米）、物理性砂粒（1～0.01 毫米）、物理性黏粒（小于 0.01毫米），物理性砂粒和物理性黏粒这两大粒级再进一步细分。

　　"物理性砂粒"和"物理性黏粒"与我国农民所称的"砂"和"泥"的概念甚为接近，其分界线界定在 0.01 毫米这一数值是有一定科学意义的。据研究，粒径大于 0.01 毫米的土粒，一般无可塑性和胀缩性，但有一定的透水性，其吸湿力、保肥力、黏结力等都较弱。而小于 0.01 毫米的土粒，保肥力和黏结力等均逐渐增强。不同粒级对土壤肥力产生的影响是不同的。

　　2. 各级土粒的矿物组成和化学组成　从各粒级的矿物组成来看，砂粒和粉砂粒中主要含有各种原生矿物，其中以石英最多，土粒越粗石英的含量越高；而黏粒主要含有各种次生矿物，又以层状铝硅酸盐矿物为主。随土粒由粗变细，二氧化硅含量由多变少，营养元素由少变多。

土粒的化学组成极为复杂，几乎包括地壳中所有的元素，但氧、硅、铝、铁、钙、镁、钠、钾、钛、磷 10 种元素占土壤矿物质总重的 99% 以上，其他元素不过 1%，其中又以氧、硅、铝、铁为最多。

（二）土壤质地

土壤质地是土壤的一项非常稳定的自然属性，它可以反映母质的来源和成土过程的某些特征，对土壤肥力有很大的影响，因而在制定土壤利用规划、确定施肥用量和种类、进行土壤改良和管理时必须重视其质地特点。

在自然界中，土壤很少是由单一粒级的土粒组成，多由不同粒级的混合而成。不同的土壤仅是所含大小土粒的比例不同而已。在土壤学中，把各粒级土粒百分含量的组合称为土壤质地，又称土壤机械组成、土壤颗粒组成。每种土壤都有一个质地类别名称，它概括地反映了土壤内在的某些基本特征。土壤质地是土壤的重要物理性质之一，对土壤肥力有重要影响。

1. 土壤质地分类 土壤质地一般分为砂土类、壤土类、黏土类三种。土壤质地分类也有不同的标准，常用的是国际制（表 2-3）与卡庆斯基制（表 2-4）。

表 2-3 国际制土壤质地分类标准

质地分类		各粒级土粒含量（重量%）		
类别	质地名称	砂粒 （2～0.02 毫米）	粉砂粒 （0.02～0.002 毫米）	黏粒 （<0.002 毫米）
砂土类	砂土及壤质砂土	85～100	0～15	0～15
壤土类	砂质壤土	55～85	0～45	0～15
	壤土	40～55	30～45	0～15
	粉砂质壤土	0～55	45～100	0～15

（续）

质地分类		各粒级土粒含量（重量%）		
类别	质地名称	砂粒 （2～0.02 毫米）	粉砂粒 （0.02～0.002 毫米）	黏粒 （<0.002 毫米）
黏壤土类	砂质黏壤土	55～85	0～30	15～25
	黏壤土	30～55	20～45	15～25
	粉砂质黏壤土	0～40	45～85	15～25
黏土类	砂质黏土	55～75	0～20	25～45
	粉砂质黏土	0～30	45～75	25～45
	壤质黏土	10～55	0～45	25～45
	黏土	0～55	0～55	45～65
	重黏土	0～35	0～35	65～100

表 2-4　卡庆斯基制土壤质地分类标准

质地分类		物理性黏粒含量（%）		
类别	质地名称	灰化土类	草原土及 红黄壤类	碱化及强碱 化土类
砂土	松砂土	0～5	0～5	0～5
	紧砂土	5～10	5～10	5～10
壤土	砂壤土	10～20	10～20	10～15
	轻壤土	20～30	20～30	15～20
	中壤土	30～40	30～45	20～30
	重壤土	40～50	45～60	30～40
黏土	轻黏土	50～65	60～75	40～50
	中黏土	65～80	75～85	50～65
	重黏土	>80	>85	>65

　　浙江省的土壤可按表 2-4 中"草原土及红黄壤类"的标准划分质地。

2. 不同土壤质地的肥力特征与生产特性

（1）砂土类 含砂粒较多，粒间孔隙大，易于耕作，排水通畅，通气透水性强。大孔隙没有毛管作用，保水性差，土壤容易干燥，抗旱能力弱。砂土类主要矿物成分是石英，含养分少，要多施有机肥料。砂土类保肥性差，施肥后因灌水、降雨而易淋失。因此施用化肥时，要少量多次。砂土类的土壤热容量小，易升温也易降温，昼夜温差大。生产上宜种植生长期短而耐贫瘠的植物，如仙人掌类、块根块茎类，也可作为苗床、扦插用土等。

（2）黏土类 含黏粒较多，粒间孔隙很小，多为极细毛管孔隙和无效孔隙，排水通气能力差，易受渍害和积累还原性有毒物质。毛管作用明显，保水保肥性好，抗旱能力强。黏土类矿质养分较丰富，有机质含量高。黏土类的土壤热容量大，土温平稳，不易升降。黏土干时紧实坚硬，湿时泥烂，耕作费力，宜耕期短。生产上宜种植多年生的乔木、灌木、草坪等植物，掺和一定比例的珍珠岩、蛭石、河沙等基质，是良好的盆栽营养土。

（3）壤土类 砂黏适中，兼有砂土类、黏土类的优点，是农业生产上质地比较理想的土壤，适合各种植物生长。

3. 土壤质地的改良 土壤质地的改良应因地制宜，不同的质地适合不同的植物，根据植物要求与生产条件，对不良质地的土壤进行改良，满足植物生长的需要。

（1）增施有机肥料 对于大田土壤增施有机肥料，既可改良砂土，也可改良黏土，提高土壤有机质含量，这是改良土壤质地最有效和最简便的方法。

（2）掺砂掺黏、客土调剂 如果砂土地（本土）附近有黏土、河沟淤泥（客土），可搬来掺混；黏土地（本土）附近有砂土（客土）可搬来掺混，以改良本土质地。

（3）翻淤压砂、翻砂压淤 有的地区砂土下面有淤黏土，或黏土下面有砂土，这样可以采取表土"大揭盖"翻到一边，然后使底土"大翻身"，把下层的砂土或黏淤土翻到表层来使砂黏混合，改良土性。

（4）引洪放淤、引洪漫沙　在面积大、有条件放淤或漫沙的地区，可利用洪水中的泥沙改良砂土和黏土。所谓"一年洪三年肥"，可见这是行之有效的办法。

（5）盆栽植物对土壤有特殊的要求，一般宜配制培养土进行栽培　即在土壤中掺入不同的基质，如泥炭、河砂、蛭石、珍珠岩等，配制成不同质地的培养土。培养土的质地可分为三种，质地偏黏的培养土，适合多年生植物；质地中等的培养土，适合一二年生的植物；质偏轻的培养土，适用于球根、肉质植物以及育苗、扦插。此外，还要根据不同植物种类在不同的生长发育阶段的要求，调整所用培养土的质地。

二、土壤孔隙性质

土壤是一个极其复杂的多孔体系，由固体土粒和粒间孔隙组成。土壤中土粒或团聚体之间以及团聚体内部的空隙叫做土壤孔隙。土壤孔隙是容纳水分和空气的空间，是物质和能量交换的场所，也是植物根系伸展和土壤动物、微生物活动的地方。

（一）土壤密度和容重

1. 土壤密度　土壤密度是指单位体积固体土粒（不包括粒间孔隙）的烘干土质量，单位是克/厘米^{3}或吨/米^3。大部分土壤密度变化不大，一般情况下视为常数，即 2.65 克/厘米^3。

2. 土壤容重　土壤容重是指在田间自然状态下，单位体积土壤（包括粒间孔隙）的烘干土壤质量，单位也是克/厘米^{3}或吨/米^3。

一般旱地土壤容重大概为 1.00～1.80 克/厘米^3，其数值大小除受土壤内部性状，如土粒排列、质地、结构、松紧的影响外，还经常受到外界因素，如降水、灌溉、人为生产活动的影响，尤其是耕作层变幅较大。

土壤容重是一个十分重要的基本数据，在土壤工作中用途较广，其重要性表现在以下几个方面：

（1）反映土壤松紧度　在土壤质地相似的条件下，容重的大小可以反映土壤的松紧度。容重小，土壤疏松多孔，结构性良好，通透性好但保水性差；容重大，土壤紧实板结，通气透水能力差。

（2）计算土壤质量　可以根据土壤容重来计算一定面积和深度的耕层土壤烘干土重，也可以根据容重、土壤含水量来计算在一定面积上挖土或填土的重量。

$$W = S \times h \times d$$

式中：W——土壤烘干土重（吨）；

　　　　S——面积（米^2）；

　　　　h——土层深度（米）；

　　　　d——容重（吨/米^3）。

（3）计算土壤各种组分的数量　在土壤分析中，要推算出土壤中水分、有机质、养分和盐分含量等，可以根据土壤容重计算作为灌溉、排水、施肥的依据。

（4）用于计算土壤中质量和体积的换算例：

　　　　土壤质量含水量×容重＝土壤容积含水量

（5）计算土壤三相体积比

　　　　固相体积＝100%－土壤总孔隙度

　　　　液相体积＝土壤质量含水量×容重

　　　　气相体积＝土壤总孔隙度－液相体积

（二）土壤孔隙性

土壤孔隙性是指土壤孔隙的数量、大小、比例和性质的总称。由于土壤孔隙状况极其复杂，实践中难以直接测定，通常是用间接的方法，根据土壤密度、容重进行计算。

1. 土壤孔隙度　土壤孔隙的数量常以土壤孔隙度来表示，是指单位体积土壤中孔隙体积占土壤总体积的百分数。土壤孔隙度的变幅一般为30%～60%，适宜的孔隙度为50%～56%。

$$土壤孔隙度（\%）= \frac{孔隙容积}{土壤容积} \times 100$$

$$= \frac{土壤容积 - 土粒容积}{土壤容积} \times 100$$

$$= （1 - \frac{土粒容积}{土壤容积}）\times 100$$

$$= （1 - \frac{土壤重量/比重}{土壤重量/容重}）\times 100$$

$$= （1 - 容重/比重）\times 100$$

2. 土壤孔隙类型及其性质 土壤孔隙大小、形状不同，无法按其真实孔径来计算，因此土壤孔隙直径是指与一定的土壤水吸力相当的孔径，称为当量孔径。土壤水吸力与当量孔径成反比，土壤水吸力愈大，则当量孔径愈小。根据土壤当量孔径大小可将土壤孔隙分为三类：

（1）无效孔隙 又叫非活性孔隙，当量孔径一般＜0.002毫米，这是土壤中最细微的孔隙，土粒对这些水有强烈吸附作用，故保持在这种孔隙中的水分不易运动，也不能被植物吸收利用。这种孔隙内无毛管作用，也不能通气、透水，耕作的阻力大，不利于生产利用。

（2）毛管孔隙 当量孔径约为0.002～0.02毫米，具有毛细管作用，水分受毛管力作用大于重力作用，并靠毛管力移动，可保蓄在土壤中被植物吸收利用。也是植物的根毛和细菌的生活场所。

（3）通气孔隙 当量孔径＞0.02毫米，毛管作用明显减弱，这种孔隙中的水分，主要受重力支配而排出，是水分和空气的通道，经常为空气所占据，故又称空气孔隙。通气孔隙的多少直接影响到土壤通气透水性，是原生动物、真菌和植物根系栖身地。

3. 土壤孔隙与植物生长 生产实践表明，适宜于植物生长发育的耕作层土壤孔隙状况为：总孔度为50%～56%，通气孔度在10%以上，如能达到15%～20%更好；无效孔隙度要求尽量低；毛管孔隙度与非毛管孔隙度之比在 2～4∶1 为宜。但不同植物和同种植物不同生育期对土壤孔隙度的要求不同，如乔木、灌木的根系穿透力强，适应的土壤松紧度范围广；而草本植物根系穿透力较弱，一般适宜在较疏松的土壤中生长。

三、土壤的结构性

土壤中的土粒，一般不呈单粒状态存在（砂土例外），而是相互胶结成各种形状和大小不一的土团存在于土壤中，这种土团称为结构体或团聚体。土壤结构性是指土壤结构体的种类、数量及其在土壤中的排列方式等状况。土壤结构性不同，土壤的松紧程度、孔隙状况不同，土壤肥力、土壤耕性、植物出苗、根系延伸也就不同。

（一）土壤结构体的类型及特性

按照土壤结构体的大小、形状和发育程度可分为：

1. 块状与核状结构　土壤胶结成块，团聚体长、宽、高三轴大体近似，大小不一，边界不明显，结构体内部较紧实，俗称"坷垃"。核状结构比块状小，形状如核，棱角明显，结构体坚实。在有机质含量较低或黏重的土壤中，一方面由于土壤过干、过湿耕作时，在表层易形成块状结构；另一方面由于受到土体的压力，在心土、底土中也会出现。这两种结构的土壤肥力、耕作性能较差，又漏水漏肥，且耕作阻力大，不易破碎。

2. 柱状与棱状结构　此类团聚体垂直轴特别发达，在土体中呈直立状，结构体间有明显垂直裂隙；如顶端平圆而少棱的称柱状结构，多出现在典型碱土的下层；如边面棱角明显的称棱柱状结构，多出现在质地黏重而水分又经常变化的下层土壤中。由于土壤的湿胀干缩作用，在土壤过干时易出现土体垂直开裂，漏水漏肥；过湿时易出现土粒膨胀黏闭，通气不良。

3. 片状与板状结构　团聚体水平轴特别发达，呈片状，如果地表在遇雨或灌溉后出现的结皮、结壳，称为"板结"现象，播种后种子难以萌发、破土、出苗；如果受农机具压力或沉积作用，在耕作层下出现的犁底层也为片状结构，其存在有利于托水托肥，但出现部位不能过浅、过厚，也不能过于紧实黏重，否则土壤通气透水性差，不利于植物的生长发育。

4. 团粒结构 包括团粒和微团粒，团聚体近似球形，为疏松多孔的小土团，粒径大小为 0.25～10 毫米，俗称"蚂蚁蛋"、"米糁子"等，常出现在有机质含量较高、质地适中土壤中，是农业生产中最理想的结构体，如蚯蚓粪。

团粒结构的主要特点为：具有协调土壤水、肥、气、热的能力，这与团粒结构土壤良好的孔性有密切关系。团粒与团粒之间有适量的通气孔隙，水少气多，好气微生物活跃，有利于有机质矿质化作用，养分释放快；团粒内部有大量的毛管孔隙，水多气少，嫌气微生物活跃，有利于腐殖质的积累，养分可以得到贮存；因此具有团粒结构的土壤，结构体大小适宜，松紧度适中，通气透水，保水保肥，供水供肥等性能强，耕作阻力小，耕作效果好，有利于植物根系的扩展、延伸，是植物生长发育最理想的土壤结构。

（二）土壤团粒结构培育措施

团粒结构的形成，一般来说是一个渐进的过程，必须具备两个条件，即土粒的黏聚作用和外力的推动作用。对于质地偏黏的土壤，可以通过以下措施促进土壤团粒结构形成：

1. 深耕增施有机肥料 深耕可使土体崩裂成小土团，有机质是良好的土壤胶结剂，是团粒结构形成不可缺少的物质，我国土壤由于有机质含量低，缺少水稳性团粒结构，因此需增施优质有机肥来增加土壤有机质，促进土壤团粒结构的形成。

2. 调节土壤酸碱度 土壤中丰富的钙是创造土壤良好结构的必要条件，因此，对酸性土壤施用石灰，碱性土壤施用石膏，在调节土壤酸碱度的同时，增加了钙离子，促进良好结构的形成。

3. 正确的土壤耕作　精耕细作（适时深耕、耙耱、镇压、中耕等）有利于破除土壤板结，破碎块状与核状结构，疏松土壤，加厚耕作层，增加非水稳性团粒结构。但不良的土壤耕作也会造成很大破坏，因此，应遵循"需耕、适耕、则耕"的原则，进行正确的耕作。

4. 合理轮作　包括两方面的含义：一是用地和养地相结合，如粮食作物与绿肥或牧草作物轮作；二是在同一地块不能长期栽培单一植物，可以水旱轮作，或者不同植物种类进行轮作。

5. 合理灌溉、晒垡、冻垡　灌溉中应注意以下几点：一是避免大水漫灌；二是灌后要及时疏松表土，防止板结，恢复土壤结构；三是有条件地区采用沟灌、喷灌或滴灌为好。另外，在休闲季节采用晒垡或冻垡，利用干湿交替、冻融交替使黏重土壤变得酥脆，促进良好结构的形成。

6. 施用土壤结构改良剂　土壤结构改良剂基本有两种类型：一是从植物遗体、泥炭、褐煤或腐殖质中提取的腐殖酸，制成天然土壤结构改良剂，施入土壤中成为团聚土粒的胶结剂。其缺点是成本高、用量大，难以在生产上广泛应用。二是人工合成结构改良剂，常用的为水解聚丙烯腈钠盐和乙酸乙烯酯等，具有较强的黏结力能使分散的土粒，形成的团粒具有较高的水稳性、力稳性和微生物降解性，同时能创造适宜的团粒空隙，用量一般只占耕层土重 $0.01\% \sim 0.1\%$，使用时要求土壤含水量在田间持水量 $70\% \sim 90\%$ 时效果最好，以喷施或干粉撒施，然后耙耱均匀即可，创造的团粒结构能保持 $2 \sim 3$ 年之久。

四、土壤物理机械性与耕性

（一）土壤物理机械性

土壤物理机械性是多项土壤动力学性质的统称，包括土壤的黏结性、黏着性、可塑性、胀缩性以及其他受外力作用后（如农机具的切割、穿透和压板作用等）而发生形变的性质，在农业生产中主要影响土壤耕性。

1. 土壤黏结性 土壤黏结性是指土粒与土粒之间相互黏结在一起的性能。土壤的黏结性越强，耕作阻力越大，耕作质量越差。土壤质地、土壤水分、土壤有机质等是影响土壤黏结性的主要因素。质地越黏重，土壤的黏结性就越强，反之，则相反。土壤有机质可以提高砂质土壤的黏结性，降低黏质土壤的黏结性。

2. 土壤黏着性 土壤的黏着性是指土粒黏附于外物上的性能，是土粒—水膜—外物之间相互吸附而产生的。土壤黏着性越强，则土壤易于附着于农具上，耕作阻力越大，耕作质量越差。土壤黏着性与土壤黏结性的影响因素相似，也是土壤质地、土壤水分、土壤有机质等因素。质地越黏重，土壤的黏着性就越强，反之，则相反。干燥的土壤无黏着性，当土壤含水量增加到一定程度时，土粒表面有了一定厚度的水膜，就具有了黏附外物的能力，随着含水量的增加黏着性增强，达到最高时后又逐渐降低，可见土壤含水量过高或过低都会降低黏着性。土壤有机质可降低黏质土壤的黏着性。

3. 土壤胀缩性 土壤吸水体积膨胀，失水体积变小，冻结体积增大，解冻后体积收缩这种现象，称为土壤的胀缩性。影响胀缩性的主要因素是土壤质地、黏土矿物类型、土壤有机质含量、土壤胶体上代换性阳离子种类以及土壤结构等。一般具有胀缩性的土壤均是黏重而贫瘠的土壤。

（二）土壤耕性

1. 衡量耕性好坏的标准 土壤耕性是指耕作时土壤所表现出来的一系列物理性和物理机械性的总称。土壤耕性的好坏可以从三个方面来衡量，一是耕作的难易程度；二是耕作质量的好坏；三是适耕期的长短。

（1）耕作的难易程度 农民把耕作难易程度判断为耕性好坏的首要条件，是指耕作阻力的大小，耕作阻力越大，越不易耕作。凡是耕作时省工省力易耕作的土壤，群众称之为"土轻"、"口紧"等。一般砂质土和结构良好的壤土易耕作，耕作阻力小；而缺乏有机质、结构不良的黏质土其黏结性、黏着性强，耕作阻力大，耕作起来困难。

（2）耕作质量的好坏　耕作质量的好坏是指土壤耕作后所表现出来的土壤状况。凡是耕后土壤松散容易耙碎、不成坷垃、土壤疏松、孔隙状况良好、有利于种子发芽、出土及幼苗生长的称之耕作质量好，反之，耕作质量差。一般土壤黏结性和可塑造性强，且含水量在塑性范围内的，则土壤耕作质量差，反之，则相反。

（3）宜耕期的长短　宜耕期是指适合耕作的土壤含水量范围。一般来说，宜耕期长的土壤耕性好，耕性不良的土壤宜耕期最短，宜耕期应选择在土壤含水量低于可塑下限或高于可塑上限，前者称之为干耕，后者称之为湿耕。

2. 影响土壤耕性的因素　如前所述，土壤水分含量影响到土壤物理机械性，从而影响土壤耕性。土壤质地与耕性的关系也很密切。黏重的土壤其黏结性、黏着性和可塑性都比较强，平时表现极强黏结性，水分稍多时又表现黏着性和可塑性，因而宜耕期范围窄。对于不同土壤质地的宜耕期来讲，砂土较长、壤土其次、黏土最短。

3. 改善土壤耕性的措施　改善土壤耕性可以从掌握耕作时土壤适宜含水量，改良土壤质地、结构，提高土壤有机质含量等方面入手。

（1）增施有机肥料　增施有机肥料可提高土壤有机质含量，从而促进有机无机复合胶体与团粒结构的形成，降低黏质土壤的黏结性、黏着性，增强砂质土的黏结性、黏着性，并使土壤疏松多孔，因而改善土壤耕性。

（2）掌握耕作时土壤适宜含水量　我国农民在长期的生产实践中总结出许多确定适耕期的简便方法，如北方旱地土壤宜耕的状态是：一是眼看，雨后和灌溉后，地表呈"喜鹊斑"，即外白里湿，黑白相间，出现"鸡爪裂纹"或"麻丝裂纹"，半干半湿状态是土壤的宜耕状态。二是犁试，用犁试耕后，土垡能被抛散而不黏附农具，即出现"犁花"时，即为宜耕状态。三是手感，扒开二指表土，取一把土能握紧成团，且在一米高处松手，落地后散碎成小土块的，表示土壤处于宜耕状态，应及时耕作。

（3）改良土壤质地　黏土掺砂，可减弱黏重土壤的黏结性、黏着性、可塑性和起浆性；砂土掺黏，可增加土壤的黏结性，并减弱土壤的淀浆板结性。

（4）创造良好的土壤结构性　良好的土壤结构，如团粒结构，其土壤的黏结性、黏着性、可塑性减弱，松紧适度，通气透水，耕性良好。

（5）少耕和免耕　少耕是指对耕翻次数或强度比常规耕翻少的土壤耕作方式，免耕是指基本上不对土壤进行翻耕，而直接播种作物的土壤利用方式。

五、土壤的酸碱性与缓冲性

土壤酸碱性又称土壤溶液的反应，即溶液中 H^+ 浓度和 OH^- 浓度比例不同而表现出来的酸碱性质。土壤酸性或碱性通常用土壤溶液的 pH 来表示。我国一般土壤的 pH 变动范围为 4～9，多数土壤的 pH 为 4.5～8.5，极少有低于 4 或高于 10 的。"南酸北碱"就概括了我国土壤酸碱反应的地区性差异。浙江省土壤 pH 一般为 5.0～8.0，有一定地理分布规律。从山区到河谷，从平原至滨海，pH 逐渐增大。丘陵山地土壤除部分受母质影响而呈中性—碱性外，大多为酸性—强酸性。河谷及平原区土壤为酸性—中性。滨海地带土壤受母质影响土壤中含石灰，为碱性土。

（一）土壤酸性

土壤中 H^+ 的存在有两种形式，一是存在于土壤溶液中，二是吸收在胶粒表面。因此，土壤酸度可分为两种基本类型：

1. 活性酸度 活性酸是由土壤溶液中氢离子浓度直接反映出来的酸度，又称有效酸度，通常用 pH 表示。对土壤的理化性质、土壤肥力及植物生长有直接关系。土壤的酸碱性按下表分为七级（表 2 - 5）：

表 2 - 5 土壤酸碱度分级

土壤 pH	< 4.5	4.5~5.5	5.5~6.5	6.5~7.5	7.5~8.5	8.5~9.5	> 9.5
级 别	极强酸性	强酸性	酸性	中性	碱性	强碱性	极强碱性

2. 潜性酸度 致酸离子（H^+、Al^{3+}）被交换到土壤溶液中，变成溶液中的 H^+ 时，才会使土壤显示酸性，所以这种酸称为潜性酸。潜性酸度是指土壤胶粒表面所吸附的交换性致酸离子（H^+、Al^{3+}）所反映出来的酸度。通常用每千克烘干土中氢离子的厘摩尔数表示。

根据测定潜性酸度时所用浸提液的不同，将潜性酸度又分为交换性酸度和水解性酸度。用过量的中性盐溶液浸提土壤时，土壤胶粒表面吸附的 H^+、Al^{3+} 被交换出来，这些离子进入土壤溶液后所表现的酸度称为交换性酸度。而用弱酸强碱的盐类如醋酸钠的溶液浸提土壤时，从土壤胶粒上交换出来的 H^+ 和 Al^{3+} 所产生的酸度，称为水解性酸度。

（二）土壤碱性

土壤的碱性主要来自土壤中大量存在的碱金属和碱土金属如钠、钾、钙、镁的碳酸盐和重碳酸盐。我国华北和西北地区的一些土壤 $CaCO_3$ 含量较高，统称为石灰性土壤，土壤 pH 一般在微碱性（pH7.5~8.5）范围内。

土壤溶液的碱性反应也用 pH 表示。我国北方石灰性土壤的测定值一般为 pH 7.5~8.5，而含有碳酸钠、碳酸氢钠的土壤，pH 常在 8.5 以上。

土壤的碱性还决定于土壤胶体上交换性 Na^+ 的数量，通常把交换性 Na^+ 的数量占交换性阳离子数量的百分比，称为土壤碱化度。一般碱化度为 5％～10％时，称弱碱性土；大于 20％时，称碱性土。

（三）土壤酸碱反应与植物生长

1. 影响植物的生长发育　一般植物对土壤酸碱性的适应范围都较广，对大多数植物来说，在 pH 6.5～7.5 的中性土壤中都能正常生长发育。但也有些植物对酸碱性要求比较严格，能起到指示土壤酸碱性的作用，故称为指示植物。如映山红、马尾松、铁芒萁等都是酸性土壤指示植物。土壤溶液的碱性物质会使植物细胞原生质溶解，破坏植物组织。酸性较强也会引起原生质变性和酶的钝化，影响植物对养分的吸收；酸度过大时，还会抑制植物体内单糖转化为蔗糖、淀粉及其他较复杂的有机化合物的过程。

2. 影响土壤养分的固定、释放和淋失　土壤酸碱性对土壤养分状况会产生重要影响，主要表现在影响土壤养分的固定和释放，即影响养分的有效性，此外还会影响土壤养分的淋失。土壤养分的有效性受土壤酸碱性变化的影响很大，土壤磷素在酸性土壤中与铁、铝等形成不溶性沉淀，固定而失去有效性，在石灰性土壤中又会被钙固定，只有在近中性土壤中磷的固定少，有效性高。铁、锰、硼、铜、锌等在石灰性土壤中也易产生沉淀而降低有效性，在酸性土壤中它们一般呈可溶态，因而有效性高。而钼在酸性土壤中由于与铁、铝结合形成不溶性沉淀，而降低了有效性。酸性土中钙、镁、钾淋失多，对植物供应不足。

3. 影响土壤微生物活性　微生物对土壤反应也有一定的适应范围，占土壤微生物数量最多的细菌适宜中性—微碱性土壤，因此，土壤过酸过碱会抑制细菌活性，从而影响土壤养分的转化。

（四）土壤酸碱性的调节

我国北方有大面积的碱性土壤，南方有大面积的酸性土壤。土壤过酸过碱都不利于植物生长，需要加以改良。

南方酸性土壤施用的石灰，大多数是生石灰，施入土壤中发生中和反应和阳离子交换反应。生石灰碱性很强，因此不能和植物种子或幼苗的根系接触，否则易灼烧致死。石灰使用量经验做法是在 pH 为 4～5 时，石灰用量为 750～2 250 千克/公顷；pH 5～6，石灰用量为 375～1 125 千克/公顷。除石灰外，在沿海地区以用含钙质的贝壳灰改良；我国四川、浙江等地也有用钙质紫色页岩粉改良酸性土的经验。另外，草木灰既是钾肥又是碱性肥料，可用来改良酸性土。

碱性土中交换性 Na^+ 含量高，生产上用石膏、黑矾、硫黄粉、明矾、腐殖酸肥料等来改良碱性土，一方面中和了碱性；另一方面增加了多价离子，促进土壤胶粒的凝聚和良好结构的形成。另外，在碱性或微碱性土壤上栽培喜酸性的花卉，可加入硫黄粉、硫酸亚铁来降低土壤碱化，使土壤酸化。

（五）土壤缓冲性

土壤缓冲性是指当酸碱物质加入土壤后，土壤具有抵抗外来物质引起酸碱反应剧烈变化的性能。土壤缓冲性可以稳定土壤的酸碱性，不因施肥、生物活动和有机质分解等原因引起 pH 剧烈变动，为植物和微生物活动创造一个稳定、良好的土壤环境。

土壤的缓冲性有赖于多种因素的作用，它们共同组成了土壤的缓冲体系。

1. 土壤胶体的缓冲作用　加入土壤的酸性或碱性物质可与胶体吸附的阳离子进行交换，生成水和中性盐，从而使土壤 pH 不发生很大变化。

2. 弱酸及其盐类的缓冲作用　土壤中存在多种弱酸，如碳酸、磷酸、硅酸、腐殖酸和其他有机酸及其盐类，构成缓冲系统，它们对酸碱有缓冲作用。

3. 土壤中的两性物质作用 如胡敏酸、氨基酸、蛋白质等物质，既能中和酸，又能中和碱，从而起到缓冲作用。

土壤缓冲性大小取决于黏粒含量、无机胶体类型、有机质含量等。土壤质地越细，黏粒含量越高，土壤缓冲性越强；无机胶体缓冲次序是：蒙脱石＞水云母＞高岭石＞铁铝氧化物及其含水氧化物；有机质含量越高，土壤缓冲性越强。在农业生产上，可通过砂土掺淤，增施有机肥料和种植绿肥，提高土壤有机质含量，增强土壤的缓冲性能。

六、土壤的保肥性与供肥性

土壤的保肥性是指土壤吸持和保存植物所需养分的能力。土壤供肥性是指土壤向植物提供有效养分的能力。土壤保肥性与供肥性是相互矛盾，但二者又是对立统一的。一般来说，供肥性强的土壤，其保肥能力也强；但保肥性强的土壤，供肥性不一定强。

（一）土壤的保肥性

土壤具有保肥性的原因是土壤具有吸收保持某些物质的性能，称为土壤吸收性能。施入到土壤中的肥料，无论是有机的或无机的，还是固体、液体或气体等，都会因土壤吸收性能而被较长久的保存在土壤中。根据土壤对不同形态物质吸收保持的方式和机制的不同，可分为以下几种类型：

1. 机械吸收性能 机械的吸收是指土壤对物体的机械阻留，如施用有机肥时，其中大小不等的颗粒均可被保留在土壤中，污水、洪淤灌溉等其土粒及其他不溶物也可因机械吸收性而被保留在土壤中。这种吸收能力的大小主要决定于土壤的孔隙状况，孔隙过粗，阻留物少，过细又造成下渗困难，易于形成地面径流和土壤冲刷。故土壤机械吸收性能与土壤质地、结构、松紧度等情况有关。

2. 物理吸收性能 这种吸收性能是指土壤对分子态物质的

保持能力。由于土壤胶体具有巨大的表面能，对外界其他物质表现有剩余的分子引力，为了减少表面能以达到稳定状态，土壤会自发地吸附一些分子态物质，如有机肥料中的有机分子（马尿酸、尿酸、糖类、氨基酸等）、CO_2、NH_3 等气体分子。土壤吸附细菌也是一种物理吸附。这种性能能保持一部分养分，但能力不强。

3. 化学吸收性能 化学吸收性能是指易溶性盐在土壤中转变为难溶性盐而沉淀保存在土壤中的过程，这种吸收作用是以纯化学作用为基础的，所以叫做化学吸收性。例如，可溶性磷酸盐可被土壤中的铁、铝、钙等离子所固定，生成难溶性的磷酸铁、磷酸铝或磷酸钙，这种作用虽可将一些可溶性养分保存下来，减少流失，但却降低了养分对植物的有效性。因此，通常在生产上应尽量避免有效养分的化学吸收作用发生，但在某些情况下，化学吸收也有好处，如嫌气条件下产生的 H_2S 与 Fe^{2+}，生成 FeS 沉淀，可消除或减轻 H_2S 的毒害。

4. 物理化学吸收性能 物理化学吸收性是指土壤对可溶性物质中离子态养分的保持能力，也称离子交换吸收作用。由于土壤胶体带有正电荷或负电荷，能吸附溶液中带异号电荷的离子，这些被吸附的离子又可与土壤溶液中的同号电荷的离子交换而达到动态平衡。这一作用是以物理吸附为基础，而又呈现出化学反应相似的特性，所以称之为物理化学吸收性或离子交换作用。土壤中胶体物质愈多，电性愈强，物理化学吸收性也愈强，则土壤的保肥性和供肥性就愈好。因此，它是土壤中最重要的一种吸收性能。

土壤离子交换可分为两类：一类为阳离子交换作用，另一类为阴离子交换作用。前者为带负电胶体所吸附的阳离子与溶液中的阳离子进行交换；后者为带正电胶体吸附的阴离子与溶液中阴离子互相交换的作用。离子交换具有等价交换和可逆反应的特点。

5. 生物吸收性能 生物吸收性是指土壤中植物根系和微生物对营养物质的吸收，这种吸收作用的特点是有选择性和创造性的吸收，并且具有累积和集中养分的作用。生物的这种吸收作用，无论对自然土壤或农业土壤，在提高土壤肥力方面也有着重要的意义。

总之，上述五种吸收性能不是孤立的，而是互相联系、互相影响的，同样都具有重要的意义。其中以离子交换吸收性能对保持土壤速效养分最为重要。

（二）土壤供肥性

土壤供肥性的好坏直接影响作物生长发育，其取决于以下三方面：

1. 土壤养分含量 土壤养分总量和速效养分含量均与土壤供肥性有关。土壤养分总量决定了土壤的供肥容量，它反映土壤潜在供肥能力。土壤速效养分含量决定了土壤的供肥强度，速效养分愈多则供肥强度愈大。如果土壤供肥强度和供肥容量都大，说明土壤养分供应充足，不致缺肥；如果二者都小，说明土壤养分潜力没有发挥出来，需调节土壤水气热条件以促进养分释放；如果供肥强度大，供肥容量小，说明容易脱肥。

2. 养分释放的速率 迟效养分转化为速效养分的速率决定了土壤的供肥速率。在通气不良，水分过多或过酸过碱的土壤中，迟效养分转化成速效养分的速度慢。由于供肥速率慢，往往不能及时向作物提供养分，需通过改善土壤条件来提高土壤供肥速率，或及时施速效化肥，以满足作物需要。相反，水气热适中的土壤，供肥速率快，肥劲猛。

3. 速效养分的持续供应时间 速效养分持续供应时间长，则肥劲稳长，一般有机质含量丰富的土壤就有这种供肥特点。在生产中土壤供肥性常表现有以下几种情况："肥劲稳长"、"前劲不足，后劲足"、"后劲不足，前劲足"等。针对不同的供肥特点应采取不同的施肥方法。

调节土壤供肥性的主要措施是合理施肥，根据不同土壤的供肥特性合理分配施用肥料，用肥料养分来弥补土壤供肥不足。此外，合理的耕作和灌溉措施也起着调节供肥性的作用，如深耕晒垡，可加速土壤风化和养分释放；水田的搁田和复水，可促使土壤中铵态氮的释放等。

第三节　土样的采集制备与化验分析

一、土壤样品采集

土壤样品的采集是土壤分析工作中的一个重要环节，它是关系到分析结果以及由此得出结论是否正确、可靠的一个先决条件。土壤的组成复杂而又极不均一。为了使分析测定的少量样品能够反映一定范围内土壤的真实情况，必须有一套科学的采集方法。为了使分析样品具有最大的代表性，土壤样品的采集过程应该按照"随机、多点、均匀"的要求进行。

（一）材料用具

GPS、采样工具（铁锹、小铁铲、土钻等）、采样袋（塑料袋、布袋等）、样品盘、标签等。

（二）采样单元

采样点的确定应在一定范围内统筹规划，在采样前，综合土壤图、土地利用现状图和行政区划图，并参考第二次土壤普查采样点位图确定采样点位，形成采样点位图。根据土壤类型、土地利用、耕作制度、产量水平等因素，将采样区域划分为若干个采样单元，每个采样单元的土壤性状尽可能均匀一致。

大田作物平均每个采样单元为100～200亩（平原区每100～500亩采一个样，丘陵区每30～80亩采一个样）。采样集中在位于每个采样单元相对中心位置的典型地块（同一农户的地块），采样地块面积为1～10亩。

蔬菜平均每个采样单元为10～20亩，温室大棚作物每20～

30 个棚室或 10～15 亩采一个样。采样集中在位于每个采样单元相对中心位置的典型地块（同一农户的地块），采样地块面积为 1～10 亩。

果树平均每个采样单元为 20～40 亩（地势平坦果园取高限，丘陵区果园取低限）。采样集中在位于每个采样单元相对中心位置的典型地块（同一农户的地块），采样地块面积为 1～5 亩。

有条件的地区，可以以农户地块为土壤采样单元。采用 GPS 定位，记录经纬度，精确到 0.1″。

（三）采样时间

大田作物一般在秋季作物收获后、整地施基肥前采集；蔬菜在收获后或播种施肥前采集，一般在秋后。设施蔬菜在凉棚期采集；果树在上一个生育期果实采摘后下一个生育期开始之前，连续一个月未进行施肥后的任意时间采集土壤样品。

项目实施三年以后，为保证测试土壤样本数据可比性，根据项目年度取样数量，对照前三年取样点，进行周期性原位取样。同一采样单元，无机氮及植株氮营养快速诊断每季或每年采集 1 次；土壤有效磷、速效钾等一般 2～3 年采集 1 次；中、微量元素一般 3～5 年采集 1 次。肥料效应田间试验每年采样 1 次。

（四）采样方法

耕作层及土壤腐殖质层土壤混合土壤样品能反映整个土壤层次的肥力状况。采集时须按照一定的路线和"随机、多点、均匀"原则进行。非代表性地点，如路边、肥料堆积过的地方和特殊的地形部位都不能采集，以减少土壤差异，提高样品的代表性。

大田作物采样深度为 0～20 厘米；蔬菜采样深度为 0～30 厘米；果树采样深度为 0～60 厘米，分为 0～30 厘米、30～60 厘米采集基础土壤样品。如果果园土层薄（<60 厘米），则按照土层实际深度采集，或只采集 0～30 厘米土层；用于土壤无机氮含量测定的采样深度应根据不同作物、不同生育期的主要根系分布

深度来确定。

要保证足够的采样点，使之能代表采样单元的土壤特性。采样必须多点混合，每个样点由15～20个分点混合而成。选点时以"S"形或是"蛇形"为宜。

在确定的采样点上，先将表层的腐殖质层及表土2～3毫米刮去，一种方法是用小土铲进行采样，垂直向下15～20厘米左右取出土样（图2-1）；另一种方法是用土钻进行采样，在采样点上垂直向下约20厘米，再拔出土钻，取出土钻中的土样。每一采样点的取土厚度、深度、质量要求大体相同，然后将样品集中起来混合均匀，约1千克左右。

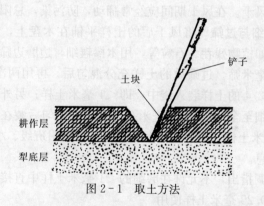

图2-1 取土方法

所取土样装入塑料中，带回实验室，均匀地摊在样品盘上，放在避光的地方风干，同时注明采样地点、日期与采样人。

如果土样采集过多，可用四分法将多余的土壤弃去，见图2-2。

第一步　　　　　第二步　　　　　第三步

图2-2 四分法采样

二、土壤样品制备

土壤分析样品的制备是土壤分析工作中的一个重要环节。通过土样制备，剔除非土壤成分，适当磨细，充分混匀，使分析时所称取的少量样品具有较高的代表性，在分解样品时反应更完全，是关系到分析结果是否正确的一个先决条件。

（一）材料用具

土壤筛（1毫米、0.25毫米）、木棒、木盘、塑料袋、标签。

（二）操作规程

1. 风干　从田间采回的土样均匀地摊在样品盘上，放在室内，进行风干。在风干期间应经常翻动，防污染，忌阳光直晒。

2. 磨细与过筛　将风干后的土样平铺在木盘上，剔除非土壤成分，如植物残茬、石粒等，用木棒辗细，边磨边筛，使其全部通过1毫米筛。过筛后的土样充分混匀后，再用两次四分法，共取出约3/4的土样装入袋中，即<1毫米土样；另外约1/4土样继续磨细至全部过0.25毫米孔筛，充分混匀后装在袋中，即<0.25毫米土样；每个袋子上贴上标签，注明班级、小组编号、筛号等信息。

应强调指出，不允许在磨细的<1毫米土样中直接筛出一部分作为<0.25毫米土样使用。

三、土壤含水量的测定——烘干法

土壤水分是土壤的重要组成部分，也是土壤肥力因素中最活跃、较易调控的一个因素。通过土壤含水量的测定，可以了解田间土壤水分状况，为植物播种、土壤耕作、合理排灌、合理施肥等提供依据。

（一）方法原理

在105±2℃温度下，使土壤中的水分全部蒸发，将土样烘至恒重。在此温度条件下，可使土壤吸湿水从土壤中蒸发，而不破坏结构水。烘干前后的质量之差即为土壤所含水分的质量，再计算出土壤的含水量的百分数和水分系数。

（二）材料用具

烘箱、铝盒、电子天平、称量纸、角匙。

（三）操作规程

取有编号的带盖铝盒洗净、烘干，打开铝盒盖，放在盒底下，用电子天平称出铝盒整个的质量（W_1），然后称 10 克左右 <1 毫米土样于铝盒中（W_2），置于已预热至 105±2℃温度的烘箱中烘 6～8 小时，关闭烘箱，盖好铝盒盖子，冷却至室温即称重（W_3）。再烘 2 小时，冷却，称至恒重（W_4）（前后两次称重之差不大于 3 毫克）。

（四）结果计算

$$土壤含水量（\%）= \frac{W_2 - W_4}{W_4 - W_1} \times 100\%$$

$$水分系数 = \frac{烘干土重}{风干土重}$$

水分系数的计算有利于在土壤养分测定中将风干土重转化为烘干土重。

四、土壤有机质测定——重铬酸钾法

土壤有机质是土壤的重要组成部分。土壤有机质是植物养分的重要来源，它对改善土壤的理化、生物性质有重要作用。因此，土壤有机质含量，是判断土壤肥力高低的重要指标。测定土壤有机质含量是土壤分析的主要项目之一。

（一）原理

在加热条件下，用稍过量的标准重铬酸钾—硫酸溶液，氧化土壤中的有机碳，剩余的重铬酸钾用标准硫酸亚铁溶液滴定，由土样和空白样品所消耗的标准硫酸亚铁量，计算出有机碳量，进一步可计算土壤有机质的含量。

(二) 材料用具

电子天平、硬质试管、试管夹、称量纸、角匙、移液管、油浴锅（石蜡）、电炉、铁架台、弯颈小漏斗、温度计（0～300℃）、卷纸、150 毫升三角瓶、酸式滴定管、0.133 摩尔/升重铬酸钾、0.2 摩尔/升硫酸亚铁溶液、邻啡罗啉指示剂、浓硫酸等。

(三) 操作规程

称取＜0.25 毫米风干土样 0.3XXX 克左右，用纸槽放入干燥完好的硬质试管底部，不要黏在试管壁上，加上试管夹夹住，用移液管准确加入重铬酸钾标准溶液 5 毫升，摇匀，再加入浓硫酸 5 毫升，小心摇匀，加上小漏斗，然后将试管放入 185～190℃的石蜡锅中加热，待液面沸腾后计时，5 分钟后取出，用纸擦干试管外石蜡，自然冷却。取 150 毫升三角瓶在其中加入 20～30 毫升蒸馏水，将冷却后的试管内容物倒入其中，再用蒸馏水少量多次洗入，最后三角瓶中的溶液定容至 60～80 毫升，加邻啡罗啉指示剂 3～5 滴，用标准硫酸亚铁溶液滴定，溶液颜色由橙色（或黄绿）经绿色、灰绿色突变至棕红色即为终点。

在测定土壤样品的同时必须做两个空白试验，取其平均值，空白试验用石英砂代替土样，其他过程同上。

(四) 计算

$$土壤有机质含量（\%）=\frac{(V_0-V)\times C_2\times 0.003\times 1.724\times 1.1}{W\times 水分系数}$$
$$\times 100\%$$

式中：V_0——空白滴定所用硫酸亚铁的毫升数；

V ——土样消耗的硫酸亚铁的毫升数（$V=V_2-V_1$）；

C_2——硫酸亚铁溶液的浓度，摩尔/升；

0.003——1/4 碳原子的毫摩尔质量，克；

1.724——由土壤有机碳换算成有机质的换算系数；

1.1——校正系数，因为用此法有机碳的氧化率只有90%。

W ——风干土样质量，克。

五、土壤质地判断——手测法

土壤质地是土壤的重要性质，它对土壤性状和农业生产的影响很大。土壤质地的测定，可为因土种植、因土施肥、因土改良、因土灌溉和制订合理的栽培管理措施提供科学依据。

（一）方法原理

根据不同土壤质地，在不同含水量情况下，用手指来感觉土壤的坚硬程度、粗糙程度、可塑程度、黏性程度，结合视觉和听觉来判断土壤的质地。此法简便易行，技能性很强，熟练后也比较准确，适于野外土壤质地的判断。

（二）操作规程

1. 干测法　取玉米粒大小的干土块，放在拇指与食指间使之破碎，并在手指间摩擦，根据指压时用力大小和摩擦时的感觉来判断。

2. 湿测法　取土一小块（算盘珠大小），除去石砾和根系，放在手中捏碎，加水适量，以土粒充分浸润为度（水分过多过少均不适宜），根据手指的感觉，能否搓成片、球、条及弯曲时断裂等情况加以判断。现将卡庆斯基制土壤质地分类手测法标准列于表2-6，以供参考。

表2-6　卡庆斯基制土壤质地手测法判断标准

质地名称	干测法	湿测法
砂土	干土块毫不用力即可压碎，砂粒明显可见，手捻时粗糙刺手，研磨时沙沙作响	不能成球形，用手可捏成团，但一触即散，不能成片

（续）

质地名称	干测法	湿测法
砂壤土	砂粒占优势，混夹有少许黏粒，干土块用小力即可捏碎，很粗糙，研磨时有响声	能搓成表面不光滑的小球，勉强可成厚而极短的片状，但搓不成细条
轻壤土	干土块用力稍加挤压可碎，手捻有粗糙感	能搓成表面不光滑的小球，可成较薄的短片状，片面较平整，可成直径 3 毫米土条，但提起后容易断裂
中壤土	干土块稍加大力量才能压碎，成粗细不一的粉末，砂粒和黏粒含量大致相同，手捻稍感粗糙	能搓成表面不光滑的小球，可成较长的薄片状，片面平整但无反光，可搓成直径约 3 毫米的土条，可提起但弯成 2～3 厘米小圈即断裂
重壤土	干土块用大力挤压可破碎成粗细不一的粉末，粉砂粒和黏粒占多，略有粗糙感	能搓成表面较光滑的小球，可成较长薄片，片面光滑，有弱的反光，可搓成直径 2 毫米的土条，能弯成 2～3 厘米圆形，但压扁时有裂缝
黏土	干土块很硬，用手不能压碎，碎了以后呈细而均一的粉末，有滑腻感	能搓成表面光滑的小球，可成较长薄片，片面光滑，有强的反光，可搓成直径 2 毫米的土条，能弯成 2～3 厘米圆形，压扁时无裂缝

（三）判断标准

六、土壤酸碱度测定——比色法和电位法

土壤酸碱度是土壤的重要化学性质，它对土壤养分的存在状况、转化及有效性，对土壤中微生物的活动及植物的生长发育都

有很大影响。因此，土壤酸碱度的测定对土壤的合理利用改良，都有重要意义。

（一）材料用具

不同的土样、酸度计、pH 4～8 指示剂、pH 7～9 指示剂、比色卡、白瓷比色盘。

（二）操作规程

1. 比色法　取土样黄豆大小左右，置于白瓷比色盘中，用数滴 pH 4～8 指示剂全部浸润土壤，略有液体流出为度，轻敲白瓷比色盘一侧，使其充分反应，静置 1～2 分钟，倾斜瓷盘，将下部清液的颜色与标准比色卡进行比色，确定土壤的 pH。如果测定值≥7，则重新取土样，用 pH 7～9 指示剂重复上述步骤。

2. 电位法

（1）仪器校准。

（2）测定：称＜1 毫米风干土样 5.00 克，放入 50 毫升烧杯中，加入蒸馏水 25 毫升，用玻璃棒搅拌 1 分钟，使土体充分散开，放置半小时，将复合电极插入土壤悬液中，保证多孔陶瓷芯浸入悬液，但不要使电极触及杯底，防止损坏电极。轻轻摇动使电极与液体平衡。读数。

（3）每测定一个样品，洗净电极，数个样品后重新校正电位计。

（4）使用完毕，保存好电极。切断电源。

七、土壤有效性氮含量的测定——扩散法

土壤有效性氮也称为土壤碱解性氮，它包括无机态的铵态氮、硝态氮和土壤有机态氮中比较容易被分解的部分，如氨基酸、酰胺、易水解的蛋白质氮等。土壤碱解氮的含量可以反映出近期内土壤氮素的供应状况，其测定结果对于了解土壤肥力状况，指导合理施肥有一定意义。

（一）原理

用1.8摩尔/升氢氧化钠碱解土壤样品，使有效态氮碱解转化为氨气状态，并不断地扩散逸出，由硼酸吸收，再用标准酸滴定，计算出碱解氮的含量。

（二）材料用具

电子天平、半微量滴定管、扩散皿、毛玻片、恒温箱、注射器、玻璃棒、橡皮筋、1.8摩尔/升氢氧化钠溶液、2％硼酸溶液、0.01摩尔/升盐酸溶液、定氮混合指示剂、特制胶水等。

（三）操作规程

1. 称取＜0.25毫米风干土样2克（精确到0.01克），均匀铺在扩散皿外室内，水平地轻轻旋转扩散皿，使样品铺平。

2. 在扩散皿内室中，加入2％硼酸溶液2毫升，并滴加1滴定氮混合指示剂，然后在扩散皿的外室边缘涂上特质胶水，盖上毛玻片，并旋转数次，使毛玻片与扩散皿边缘完全黏合。慢慢转开毛玻片一边，使扩散皿露出一条窄缝，迅速用注射器加入1.8摩尔/升氢氧化钠10毫升于扩散皿的外室中，立即盖严毛玻片，以防逸失。

3. 水平方向轻轻旋转扩散皿，使溶液与土壤充分混匀，用两条橡皮筋打"十字"固定，随后放入40℃恒温箱中保温24小时。

4. 24小时后取出扩散皿去盖，再以0.01摩尔/升盐酸标准溶液用半微量滴定管滴定内室硼酸中所吸收的氨量，溶液由蓝色到微红色即为终点，记录滴定前后的毫升数（V_1、V_2）。

5. 在样品测定的同时做空白实验，除不加土样外，其余操作相同。

（四）计算

$$土壤碱解氮含量（毫克/千克）= \frac{(V-V_0) \times C \times 14 \times 1\,000}{W \times 水分系数}$$

式中：V——土样消耗的盐酸的毫升数（$V=V_2-V_1$）；

V_0——空白滴定所用盐酸的毫升数；

C ——标准盐酸溶液的浓度，摩尔/升；

14——1摩尔氮的质量，克；

1 000——换算成每千克样品中氮的毫克数的系数；

W——风干土样质量，克。

八、土壤速效磷含量的测定——碳酸氢钠浸提—钼锑抗比色法

土壤速效磷也称土壤有效磷。土壤速效磷含量，是判断土壤磷素供应能力的一项重要指标。土壤速效磷的测定，是合理施用磷肥的重要依据之一。

(一)原理

土壤速效磷的测定方法很多，方法间的差异主要在于浸提剂的不同。浸提剂的选择主要是根据土壤性质而定。目前使用较广的几种浸提剂中，一般认为 NH_4F - HCl 作浸提剂比较适合于风化程度中等的酸性土壤；对于风化程度较高的酸性土壤，可用 H_2SO_4 - HCl 作浸提剂；石灰性土壤通常用 $NaHCO_3$ 浸提比较满意。对于中性和酸性水稻土 NH_4F - HCl 法和 $NaHCO_3$ 法都有应用。一些研究表明，用 $NaHCO_3$ 作浸提剂提取的土壤速效磷与植物吸收的磷有良好的正相关关系，它适应的土壤条件也较为广泛，现已逐渐采用作为多种土壤的通用浸提剂。

本次任务采用 $NaHCO_3$ 作为浸提剂提取土壤中的速效磷，提取液用钼锑抗混合显色剂在常温下进行还原，使黄色的磷锑钼杂多酸还原成为磷钼蓝，通过比色计算得到土壤中的速效磷含量。

(二)材料用具

电子天平、722型分光光度计、滤纸、漏斗、150毫升三角瓶、250毫升三角瓶、移液管、吸耳球、容量瓶（或比色管）、洗瓶、无磷活性炭、0.5摩尔/升碳酸氢钠溶液、7.5摩尔/升硫

酸抗储存液、钼锑抗混合显示剂、磷标准溶液等。

(三)操作规程

1. 磷标准曲线的绘制 分别吸取 5 毫克/升磷标准溶液 0、1、2、3、4、5 毫升于 50 毫升容量瓶中，再逐个加入 0.5 摩尔/升碳酸氢钠溶液至 10 毫升并沿容量瓶壁慢慢加入硫酸钼锑抗混合显色剂 5 毫升，充分摇匀，排出二氧化碳后加蒸馏水定容至刻度，充分摇匀，此系列溶液磷的质量浓度分别为 0、0.1、0.2、0.3、0.4、0.5 毫克/升。静置 30 分钟，然后同待测液一起进行比色，以溶液质量浓度做横坐标，以吸光度做纵坐标（在方格坐标纸上），绘制标准曲线。

2. 土壤浸提 称取<1 毫米的风干土壤样品 2.5 克（精确到 0.01 克）置于 250 毫升三角瓶中，加一小勺无磷活性炭，用 50 毫升移液管准确加入 0.5 摩尔/升碳酸氢钠溶液 50 毫升，用橡皮塞塞紧瓶口，振荡 30 分钟，然后用干燥无磷滤纸过滤，滤液承接于 150 毫升干燥的三角瓶中。若滤液不清，重新过滤。

3. 待测液中磷的测定 吸取滤液 10 毫升于 50 毫升比色管中（含磷量高时吸取 2.5~5 毫升，同时补加 0.5 摩尔/升碳酸氢钠溶液至 10 毫升）。然后沿管壁慢慢加入硫酸钼锑抗混合显色剂 5 毫升，充分摇匀，排出 CO_2 后加蒸馏水至刻度，再充分摇匀。放置 30 分钟后在 722 型分光光度计上比色，波长 660 纳米，比色时需同时作空白（即用 0.5 摩尔/升碳酸氢钠代替待测液，其他步骤与上同）测定。根据测得的吸光度，对照标准曲线，查出待测液中磷的含量，然后计算出土壤中速效磷的含量。

(四)计算

$$土壤速效磷含量（毫克/千克）= \frac{C \times V_显 \times V_提}{V_分 \times W \times 水分系数}$$

式中：C——标准曲线上查得的磷的浓度，毫克/千克；

$V_显$——在分光光度计上比色的显色液体积，毫升；

$V_提$——土壤浸提所得提取液的体积，毫升；

$V_分$——显色时分取的提取液体积，毫升；

W——风干土样质量，克。

九、土壤速效钾含量的测定——醋酸铵浸提—火焰光度计法

土壤速效钾包括土壤溶液中的钾和吸附在土壤胶体表面的交换钾，以交换性钾为主。土壤速效钾易被植物吸收利用，是当季土壤钾素供应水平的主要指标之一。因此，测定土壤中速效钾的含量，可以反映土壤钾素的供应状况。它对于判断土壤肥力，指导合理施用钾肥有重要意义。

（一）原理

以醋酸铵为浸提剂，将土壤胶体上的钾、钠、镁等各种交换性阳离子交换下来。浸提液中的 K^+ 可用火焰光度计直接测定。为了抵消醋酸铵的干扰，标准钾溶液也需用醋酸铵溶液配制。

（二）材料用具

电子天平、火焰光度计、50 毫升比色管、150 毫升三角瓶、滤纸、漏斗、1 摩尔/升中性醋酸铵溶液、钾标准溶液等。

（三）操作规程

称取<1 毫米的风干土样 5 克（精确到 0.01 克），置于 150 毫升三角瓶中，加入 1 摩尔/升中性醋酸铵溶液 50 毫升，用橡皮塞塞紧瓶口，振荡 15 分钟后立即过滤，滤液盛于小三角瓶中。将待测液同钾标准系列溶液一起在火焰光度计上进行测定。记录检流计读数。

（四）计算

$$土壤速效钾含量（毫克/千克）= \frac{C \times V_提}{W \times 水分系数}$$

式中：C ——标准曲线上查得的钾的浓度，毫克/升；

　　　$V_提$——土壤浸提液的体积，毫升；

　　　W ——风干土样质量，克。

第三章 配 方

"配方"是配方施肥技术的重点。就是根据土壤中营养元素的丰缺情况和计划产量等问题提出施肥的种类和数量。即经过对土壤的营养诊断，按照植物需要的营养种类和数量"开出药方并按方配药"，就像医生针对病人的病症开出处方抓药一样。因此，这一步骤既是关键，又是重点，是整个技术的核心环节。其中心任务是根据土壤养分供应状况、植物状况和产量的要求，在生产前的适当时间确定出施用肥料的配方，即肥料的品种、数量与肥料的施用时间、施用方式和方法。

经大量试验研究和生产实践，目前测土配方施肥的基本方法主要有三大类、六种方法，即地力分区配方法、目标产量配方法（养分平衡法、地力差减法）和田间实验配方法（肥料效应函数法、养分丰缺指标法、氮磷钾比例法）。要推广当地的测土配方施肥工作，必须要学习和掌握这些基本的配方方法，并结合本地实际情况，有所侧重地进行选择。

第一节 配方的基本方法

一、地力分区（级）配方法

地力分区（级）配方法的做法是，通过测土，按土壤肥力高低将土地分为若干等级，或划出一个肥力均等的田片，作为一个配方区；也可根据产量基础，划出若干肥力等级，每一个地力等级作为一个配方区；再根据土壤普查资料和田间肥料试验成果，结合群众的实践经验，计算出这一配方区内比较适宜的肥料种类及其施用量。

地力分区（级）配方法的优点是，同一配方区（级）内的自然条件、产量水平、土壤肥力等差异较小，所提出的肥料种类及用量配比也比较接近配方区的实际情况，针对性较强，群众易于接受，推广的阻力比较小。但其缺点是，地区局限性大，比较粗放，依赖于经验较多。适用于生产水平差异小、基础较差的地区。在推行过程中，必须结合试验示范，逐步扩大科学测试手段和指导的比重。

二、目标产量配方法

目标产量配方法是根据作物产量的构成，由土壤和肥料两个方面供给养分原理来计算施肥量。目标产量确定以后，根据需要吸收多少养分才能达到目标产量，来计算施肥量。目前有以下两种方法：

（一）养分平衡法

养分平衡法是通过施肥达到作物需肥和土壤供肥之间养分平衡的一种配方施肥方法。其具体内容是：用目标产量的需肥量减去土壤供肥量，其差额部分通过施肥进行补充，以使作物目标产量所需要的养分量与供应养分量之间达到平衡。肥料需要量可按下列公式计算：

$$肥料需要量（千克/亩）=\frac{作物需肥量-土壤供肥量\times校正系数}{肥料中养分含量\times肥料当季利用率}$$

$$=\frac{\left(\begin{array}{c}作物单位产量\\养分吸收量\end{array}\times\begin{array}{c}目标\\产量\end{array}\right)-\left(\begin{array}{c}土壤养分\\测定值\end{array}\times\begin{array}{c}1亩耕层\\土壤重量\end{array}\right)\times\begin{array}{c}校正\\系数\end{array}}{肥料中养分含量\times肥料当季利用率}$$

养分平衡法的优点是，概念清楚，容易掌握。缺点是，由于土壤具有缓冲性能，土壤养分处于动态平衡，因此，测定值是一个相对量，不能直接计算出"土壤供肥量"，通常要通过试验，取得"校正系数"加以调整，而校正系数变异较大，且不易确定。另外，土壤养分测定工作量相对较大。

（二）地力差减法

作物在不施任何肥料的情况下所得的产量称空白产量，它所吸收的养分，全部取自土壤。从目标产量中减去空白田产量，就应是施肥所得的产量。按下列公式计算肥料需要量：

$$肥料需要量（千克/亩）=\frac{作物单位产量}{养分吸收量}\times\left(\begin{matrix}目标\\产量\end{matrix}-\begin{matrix}空白\\产量\end{matrix}\right)}{肥料中养分含量\times肥料当季利用率}$$

地力差减法的优点是，不需要进行土壤测试，避免了养分平衡法的缺点。但空白产量不能预先获得，必须事先开展肥料要素试验，然后根据其结果进行各种计算，这样所需时间较长，给推广带来了困难。同时，空白产量是构成产量诸因素的综合反映，无法代表若干营养元素的丰缺情况，只能以作物吸收量来计算需肥量。当土壤肥力愈高，作物对土壤的依赖率愈大（即作物从土壤中吸收的养分越多）时，需要由肥料供应的养分就越少，可能出现影响地力的情况，必须引起注意。

三、田间实验配方法

选择有代表性的土壤，通过简单的对比，或应用正交、回归等试验设计，进行多年、多点田间试验，然后根据对试验资料的统计分析结果，确定肥料的用量和肥料配合比例，从而选出最优的处理确定最优的肥料施用量，主要有以下三种方法：

（一）肥料效应函数法

不同肥料施用量对作物产量的影响，称之为肥料效应。施肥量与产量之间的函数关系可用肥料效应方程式表示。此法一般采用单因素或二因素多水平试验设计为基础，将不同处理得到的产量进行数量统计，求得产量与施肥量之间的函数关系（即肥料效应方程式）。根据方程式，不仅可以直观地看出不同元素肥料的增产效应，以及其配合施用的联合效果，而且还可以分别计算出经济施用量（最佳施肥量）、施肥上限和施肥下限，作为建议施肥量的依据。

此法的优点是，能客观地反映影响肥效诸因素的综合效果，精确度高，反馈性好。缺点是有地区局限性，在不同年份、不同地区作物肥效差异较明显，所得的田间试验结果地域性和时效性较强，需要在不同类型土壤上布置多点试验，积累不同年度的资料，找出适合一定条件下的施肥规律，才能应用于不同的地区，费时较长。

（二）养分丰缺指标法

利用土壤养分测定值和作物吸收土壤养分之间存在的相关性，对不同作物通过田间试验，如果田间试验的结果验证了土壤速效养分的含量与作物数量之间有良好的相关性，就可把土壤测定值以一定的级差分成养分丰缺等级，提出每个等级的施肥量，制成养分丰缺及所施肥料数量检索表。只要取得土壤测定值，就可对照检索表按级确定肥料施用量。具体做法为：

第一步，针对具体植物种类，在各种不同速效养分含量的土壤上进行施氮、磷、钾的全肥区和不施氮、磷、钾中某一种养分的缺素区的植物产量对比试验。

第二步，分别计算各对比试验中缺素区植物产量占全肥区植物产量的百分数（亦称缺素区相对产量）。

第三步，利用缺素区相对产量建立养分丰缺分组标准，通常采用的分组标准为，相对产量小于55％为极低，55％～75％为低，75％～95％为中，95％～100％为高，大于100％为极高。

第四步，将各试验点的基础土样速效养分含量测定值依上述标准分组，并据之确定速效养分含量的丰缺指标。

不同植物种类、土壤类型的养分丰缺指标不同，不可随意套用。氮肥施用量很少用此法确定，一般只用于磷、钾和微量元素肥料的定肥。原因是土壤速效氮的测定值通常不够稳定，而且与植物产量之间的相关性较差。

此法的优点是，简单易行，直观性强，确定施肥种类和施肥量简捷方便。缺点是精确度较差，由于土壤理化性质的差异，土壤氮的测定值和产量之间的相关性很差，不宜用此法，适宜用于磷、钾和微量元素肥料的定量。

（三）氮、磷、钾比例法

通过田间试验，在一定地区的土壤上，取得某一作物不同产量情况下各种养分之间的最好比例，然后通过对一种养分的定量，按各种养分之间的比例关系，来决定其他养分的肥料用量。如以氮定磷、定钾，以磷定氮、以钾定氮等。

此法的优点是，减少了工作量，也容易为群众所理解。缺点是，作物对养分吸收的比例和应施肥料养分之间的比例是不同的，在实用上不一定能反映缺素的真实情况。由于土壤各养分的供应强度不同，因此，作为补充养分的肥料需要量只是弥补了土壤的不足。所以，推行这一定肥方法时，必须预选做好田间试验，对不同土壤条件和不同作物相应地作出符合于客观要求的肥料氮、磷、钾比例。

配方施肥的三个类型、六个方法可以互相补充，并不互相排斥。形成一个具体配方施肥方案时，可以一种方法为主，参考其他方法，配合起来运用。这样做的好处是：可以吸收各法的优点，消除或减少存在的缺点，在产前能确定更符合实际的肥料用量。

随着科学技术的发展，目前在此基础上又提出了优化测土配方施肥技术，这一技术将会使我国测土配方施肥技术在理论上和测试手段上有很大的提高。

第二节　有关参数的确定

一、目标产量

目标产量可采用平均单产法来确定。平均单产法是利用施肥区前三年平均单产和年递增率为基础确定目标产量，其计算公式是：

$$\frac{目标产量}{（千克/亩）}=（1+递增率）\times \frac{前3年平均}{单产（千克/亩）}$$

一般粮食作物的递增率为 $10\%\sim15\%$，露地蔬菜为 20%，设施蔬菜为 30%。

二、作物需肥量

通过对正常成熟的农作物全株养分的分析，测定各种作物百千克经济产量所需养分量，乘以目标常量即可获得作物需肥量。

$$\frac{作物目标产量}{所需养分量（千克）}=\frac{\dfrac{目标产量}{（千克）}\times\dfrac{百千克产量}{所需养分含量}}{100}$$

三、土壤供肥量

土壤供肥量可以通过测定基础产量、土壤有效养分校正系数两种方法估算：

通过基础产量估算（处理 1 产量）：不施肥区作物所吸收的养分量作为土壤供肥量。

$$土壤供肥量（千克）=\frac{\dfrac{不施养分区农作物}{产量（千克）}\times\dfrac{百千克产量所需养}{分量（千克）}}{100}$$

四、肥料利用率

一般通过差减法来计算：利用施肥区作物吸收的养分量减去不施肥区农作物吸收的养分量，其差值视为肥料供应的养分量，再除以所用肥料养分量就是肥料利用率。

$$\frac{肥料利用率}{（\%）}=\frac{\dfrac{施肥区农作物吸收}{养分量（千克/亩）}-\dfrac{缺素区农作物吸收养}{分量（千克/亩）}}{肥料施用量（千克/亩）\times肥料中养分含量（\%）}\times100$$

五、肥料养分含量

供施肥料包括无机肥料与有机肥料。无机肥料、商品有机肥料含量按其标明量，不明养分含量的有机肥料养分含量可参照当地不同类型有机肥养分平均含量获得。

六、1 亩耕层土壤重量

指 20 厘米厚耕层的土壤重量，一般为 150 吨。

七、校正系数

指作物实际吸收值占土壤测得值的百分数，可通过试验取得。

第三节　县域施肥分区与肥料配方设计

县域测土配方施肥以土壤类型（土种）、土地利用方式和行政区划（村）的结合作为施肥指导单元，具体工作中可应用土壤图、土地利用现状图和行政区划图叠加求交生成施肥指导单元。应用最适合于当地实际情况的肥料用量推荐方式计算每一个施肥指导单元所需要的氮肥、磷肥、钾肥及微肥用量，根据氮、磷、钾的比例，结合当地肥料生产、销售、使用的实际情况为不同作物设计肥料配方，形成县域施肥分区图。

一、施肥指导单元目标产量的确定及单元肥料配方设计

施肥指导单元目标产量确定可采用平均单产法或其他适合于当地的计算方法。根据每一个施肥指导单元氮、磷、钾及微量元素肥料的需要量设计肥料配方，设计配方时可只考虑氮、磷、钾的比例，暂不考虑微量元素肥料。在氮、磷、钾三元素中，可优

先考虑磷、钾的比例设计肥料配方。

二、区域肥料配方设计

区域肥料配方一般以县为单位设计，施肥指导单元肥料配方要做到科学性、实用性的统一，应该突出个性化，区域肥料配方在考虑科学性、实用性的基础上，还要兼顾企业生产供应的可行性，数量不宜太多。

区域肥料配方设计以施肥指导单元肥料配方为基础，应用相应的数学方法（如聚类分析）将大量的配方综合形成有限的几种配方。

设计配方时不仅要考虑农艺需要，还要综合考虑肥料生产厂家、销售商及农民用肥习惯等多种因素，确保设计的肥料配方不仅科学合理，还要切实可行。

三、制作县域施肥分区图

区域肥料配方设计完成后，按照最大限度节省肥料的原则为每一个施肥指导单元推荐肥料配方，具有相同肥料配方的施肥指导单元即为同一个施肥分区。将施肥指导单元图根据肥料配方进行渲染后即形成了区域施肥分区图。

第四章 施　　肥

"施肥"是配方施肥的最后一步，就是依据植物的需肥特点制定出基肥、种肥、追肥的用量，合理安排基肥、种肥、追肥的比例；根据肥料的不同成分与性质，采用不同的施肥方法，提高肥料利用率，发挥肥料的最大增产作用。

第一节　合理施肥时期与方法

一、合理施肥时期

植物有阶段营养期，在植物营养期内就要根据苗情而施肥，所以施肥的任务不是一次就能完成的。对于大多数一年生或多年生植物来说，施肥应包括基肥、种肥和追肥三个时期。每个施肥时期都起着不同的作用。

1. 基肥　也常称为底肥，它是在播种（或定植）前结合土壤耕作施入的肥料。其作用是双重的，一方面是培肥和改良土壤，另一方面是供给植物整个生长发育时期所需要的养分。通常多用有机肥料，配合一部分化学肥料作基肥。

2. 种肥　种肥是指播种或定植时施于种子或植物幼株附近或与种子混播或与植物幼株混施的肥料。种肥一般多选用腐熟的有机肥料或速效性化学肥料以及细菌肥料等。凡是浓度过大、过酸或过碱、吸湿性强、溶解时产生高温及含有毒副成分的肥料均不宜作种肥施用。例如碳酸氢铵、硝酸铵、氯化铵、土法生产的过磷酸钙等均不宜作种肥。

3. 追肥　追肥是指在植物生长发育期间施用的肥料，其作用是及时补充植物在生育过程中所需的养分，以促进植物进一步生长发育，提高产量和改善品质，一般以速效性化学肥料作追肥。

二、合理施肥的方法

植物对养分的吸收有根部营养和根外营养两种方式。植物的根部营养是指植物根系从营养环境中吸收养分的过程。根外营养是指植物通过叶、茎等根外器官吸收养分的过程。因此，可以将肥料施于土壤（土施），也可以施于植物体上（根外施肥）。

（一）土施方法

1. 撒施　是指肥料均匀撒于地表，然后把肥料翻入土中。凡是施肥量过大的或密植植物如小麦、水稻、蔬菜等封垄后追肥以及根系分布广的植物都可以采用撒施方法。

2. 条施　是开沟条施肥料后覆土。一般在肥料比较少的情况下施用，玉米、棉花及垄栽红薯多用条施。

3. 穴施　是在播种前把肥料施在播种穴中，而后覆土播种。其特点是施肥集中，用肥量少，增产效果较好，果树、林木多用穴施法。

4. 分层施肥　将肥料按不同比例施入土壤的不同层次内。

5. 随水浇施　在灌溉（尤其是喷灌）时将肥料溶于灌溉水而施于土壤的方法。

6. 环状和放射状施肥　环状施肥常用于果园施肥，是在树冠外围垂直地面上，挖一环状沟，深、宽各 30～60 厘米，施肥后覆土踏实。来年在施肥时可在第一年施肥沟的外侧再挖沟施肥，以逐年扩大施肥范围。放射状施肥是在距树木一定距离处，以树干为中心，向树冠外围挖 4～8 条放射状直沟，沟深、宽各 50 厘米，沟长与树冠相齐，肥料施在沟内，来年再交错位置挖沟施肥。

7. 盖种肥　开沟播种后，用充分腐熟的有机肥或草木灰盖在种子上面的施肥方法。具有供给幼苗养分、保墒和保温作用。

（二）根外施肥方法

1. 拌种和浸种 拌种是将肥料与种子均匀拌和后一起播入土壤。浸种是用一定浓度的肥料溶液来浸泡种子，待一定时间后，取出稍晾干后播种。

2. 蘸秧根 对移栽植物如水稻等，将磷肥或微生物菌剂制成一定浓度的悬浊液，浸蘸秧根，然后定植。

3. 根外喷施 把肥料配成一定浓度的溶液，喷洒在植物体上，以供植物吸收。以下因素会影响根外喷施效果：

（1）肥料品种要适宜 首先要根据作物需要和土壤限制养分种类，有针对性正确选择肥料。肥料的种类很多，但有的适用于叶面喷施，有的不适用于叶面喷施。钾肥被叶片吸收速率依次为 $KCl > KNO_3 > K_2HPO_4$，而氮肥被叶片吸收的速率则为尿素＞硝酸盐＞铵盐。在喷施生理活性物质和微量元素肥料时，加入尿素可提高吸收率和防止叶片出现暂时黄化。

（2）肥料溶液的浓度及 pH 要适当 在一定浓度范围内，营养物质进入叶片的速度和数量，随浓度的增加而增加。一般在叶片不受肥害的情况下，适当提高浓度，可提高根外营养的效果，尿素透过的速度与浓度无关，并比其他离子快 10 倍，甚至 20 倍；尿素与其他盐类混合，还可提高盐类中其他离子的通透速度。同时还要注意某些微量元素的有效与毒害的浓度差别很小，更应严格掌握，以免植物受害。

溶液的 pH 随供给的养分离子形态不同可有所不同，如果主要供给阳离子时，溶液调至微碱性，反之供给阴离子时，溶液应调至弱酸性。

（3）注意选好喷施的时间 叶面喷肥效果与气候条件关系密切，一般以在比较湿润的阴天进行为最好。晴天要避开中午，可在上午 10 时前或下午 4 时后喷施。如遇大风高温天气和雨前都不宜进行喷肥。

喷施后最好能保持叶片湿润的时间在 30 分钟至 1 小时内，

此时养分的吸收速度快、吸收量大；要使养分能在叶茎上保持较长时间，同时使用"湿润剂"来降低溶液的表面张力，增大溶液与叶片的接触面积，对提高喷施效果也有良好作用。

（4）叶面积大小与养分吸收　双子叶植物，因叶面积大，角质层较薄，溶液中的养分易被吸收；而单子叶植物，叶面积小，角质层较厚，溶液中养分的吸收比较困难，在这类植物上进行根外喷施要加大浓度。从叶片结构上看，叶子表面的表皮组织下是栅状组织，比较致密；叶背面是海绵组织，比较疏松、细胞间隙较大，孔道细胞也多，故喷施叶背面养分吸收快些。

（5）喷施次数及部位　不同养分在叶细胞内的移动是不同的。一般认为，移动性很强的营养元素为氮、钾、钠，其中氮＞钾＞钠；能移动的营养元素为磷、氯、硫，其中磷＞氯＞硫；部分移动的营养元素为锌、铜、钼、锰、铁等微量元素，其中锌＞铜＞锰＞铁＞钼；不移动的营养元素有硼、钙等。在喷施比较不易移动的营养元素时，必须增加喷施的次数，同时必须注意喷施部位，如铁肥，只有喷施在新叶上效果较好。每隔一定时期连续喷洒的效果，比一次喷洒的效果好。但是喷洒次数过多，必然会多用劳力，增加成本，因此生产实践中应掌握在 2～3 次为宜，同时喷施在新叶上效果好。

另外，可以在肥料溶液中加入少量的活性剂，如中性肥皂、洗衣粉等以降低肥液的表面张力，有利于养分的渗展，提高喷施效果。

（三）根外施肥不同于土施而具有其本身的特点

1. 直接供给养分，防止养分在土壤中的固定　有些易被土壤固定的营养元素如磷、锰、铁、锌等，根外施肥能避免土壤固定，直接供给植物需要；某些生理活性物质，如赤霉素、B9 等，施入土壤易于转化，采用根外喷施就能克服这种缺点。

2. 吸收速率快，能及时满足植物对养分的需要　用 ^{32}P 在棉花上试验，涂于叶部，5 分钟后各器官已有相当数量的 ^{32}P。而根部施用经 15 天后 ^{32}P 的分布和强度仅接近于叶部施用后 5 分钟叶的情况。一般尿素施入土壤，4～5天后才见效果。但叶部施用只需1～2天就可显出效果。由于根外施肥的养分吸收和转移的速度快，所以，这一技术可作为及时防治某些缺素症或植物因遭受自然灾害，而需要迅速补救营养或解决植物生长后期根系吸收养分能力弱的有效措施。

3. 促进根部营养，强株健体 据研究，根外施肥可提高光合作用和呼吸作用的强度，显著地促进酶活性，从而直接影响植物体内一系列重要的生理生化过程；同时也改善了植物对根部有机养分的供应，增强根系吸收水分和养分的能力。

4. 节省肥料，经济效益高 根外喷施磷、钾肥和微量元素肥料，用量只相当于土壤施用量的10%～20%。肥料用量大大节省，成本降低，因而经济效益就高，特别是对微量元素肥料，采用根外施肥不仅可以节省肥料，而且还能避免因土壤施肥不匀和施用量过大所产生的毒害。

第二节　常用化肥的性质与提高肥料利用率的措施

凡是用化学方法合成的，或者开采矿石经加工制造而成的肥料，称为化学肥料，又叫无机肥料或商品肥料，简称化肥。

化肥的种类很多，根据所含的营养元素可分为氮肥、磷肥、钾肥、复合肥料、微量元素肥料等。化肥与有机肥料相比较，具有有效成分含量高、肥效迅速、含养分单纯，便于运输与使用等特点，并有不同的反应——化学反应和生理反应等。

一、氮肥的性质与提高氮肥利用率的措施

（一）氮肥的种类及特点

根据化学氮肥中氮的形态，可分为以下三类：

1. 铵态氮肥 凡含有氨或铵离子形态的氮肥均属铵态氮肥。

如硫酸铵、氯化铵、碳酸氢铵、氨水等。铵态氮肥的共同特点为：易溶于水，溶解后形成铵离子及相应的阴离子，铵离子能被植物根系直接吸收利用。铵离子还可以被土壤无机胶体和有机胶体代换吸收，保留在土壤中，不致流失。铵离子经过土壤微生物的作用，能生成硝态氮，同样能被植物吸收利用，但硝态氮不被土壤胶体吸收，容易造成氮素流失。铵态氮肥遇碱性物质则分解，形成氨而挥发，造成氮素损失，因此，要避免铵态氮肥和碱性物质混合。

2. 硝态氮肥 凡含有硝酸根离子的氮肥，称硝态氮肥。硝态氮肥的共同特点为：易溶于水，是速效养分，能被植物直接吸收利用。因硝酸根离子不易被土壤胶体吸附，易随水流失，造成养分损失。在土壤缺氧的情况下，经过反硝化作用，生成氮气而损失。硝态氮肥还具有易潮解、易燃、易爆等特点，在贮运过程中，应特别注意防潮防火。

3. 酰胺态氮肥 凡含有酰胺基（—$CONH_2$）或在分解过程中产生酰胺基的氮肥，称酰胺态氮肥。如尿素、石灰氮。酰胺态氮肥的共同特点为：不能被植物根系直接吸收利用，也不被土壤胶体吸附，只有小部分以分子态的形式，被土壤胶体吸附，但这种吸附能力较弱，易随水分的流动而产生移动。因此，必须在土壤中转化为铵态氮或硝化氮后，才能被植物吸收利用。但是，植物根系可以直接吸收少量尿素分子。

（二）常用氮肥的性质与施用要点（表 4-1）

表 4-1 常用氮肥的性质和施用要点

肥料名称	化学成分	N（%）	酸碱性	主要性质	施用要点
碳酸氢铵	NH_4HCO_3	16.8~17.5	弱碱性	化学性质极不稳定，白色细结晶，易吸湿结块，易分解挥发，刺激性氨味，易溶于水，施入土壤无残存物，生理中性肥料	储存时要防潮、密闭。一般作基肥或追肥，不宜做种肥，施入7~10厘米深，及时覆土，避免高温施肥，防止 NH_3 挥发，适合于各种土壤和植物

（续）

肥料名称	化学成分	N（%）	酸碱性	主要性质	施用要点
硫酸铵	$(NH_4)_2SO_4$	20～21	弱酸性	白色结晶，因含有杂质有时呈淡灰、淡绿或淡棕色，吸湿性弱，热反应稳定，是生理酸性肥料，易溶于水	宜作种肥、基肥和追肥；在酸性土壤中长期施用，应配施石灰和钙镁磷肥，以防土壤酸化。水田不宜长期大量施用。以防 H_2S 中毒；适于各种植物尤其是油菜、马铃薯、葱、蒜等喜硫植物
氯化铵	NH_4Cl	24～25	弱酸性	白色或淡黄色结晶，吸湿性小，热反应稳定，生理酸性肥料，易溶于水	一般作基肥或追肥，不宜作种肥。一些忌氯植物如烟草、葡萄、柑橘、茶叶、马铃薯等和盐碱地不宜施用
硝酸铵	NH_4NO_3	34～35	弱酸性	白色或浅黄色结晶，易结块，易溶于水，易燃烧和爆炸，生理中性肥料。施后土壤中无残留	贮存时要防燃烧、爆炸、防潮，适于作追肥，不宜作种肥和基肥。在水田中施用效果差，不宜与未腐熟的有机肥混合施用
硝酸钙	$Ca(NO_3)_2$	13～15	中性	钙质肥料，吸湿性强，是生理碱性肥料	适用于各类土壤和植物，宜做追肥，不宜作种肥，不宜在水田中施用，贮存时要注意防潮
尿素	$CO(NH_2)_2$	45～46	中性	白色结晶，无味无臭，稍有清凉感，易溶于水，呈中性反应，易吸湿，肥料级尿素则吸湿性较小	适用于各种植物和土壤，可用作基肥、追肥，并适宜作根外追肥。尿素中因含有缩二脲，常对植物种子发芽和植株生长有影响

（三）提高氮肥利用率的措施

1. 根据气候条件合理分配和施用氮肥　氮肥利用率受降雨量、温度、光照强度等气候条件影响非常大。我国北方地区干旱少雨，土壤墒情较差，氮素淋溶损失不大，因此，在氮肥分配上北方以分配硝态氮肥适宜。南方气候湿润，降雨量大、水田占重要地位，氮素淋溶和反硝化损失问题严重，因此，南方则应分配铵态氮肥。施用时，硝态氮肥尽可能施在旱作土壤上，铵态氮肥施于水田。

2. 根据植物的特性确定施肥量和施肥日期　不同植物对氮肥的需要不同，一些叶菜类如大白菜、甘蓝和以叶为收获的植物需氮较多；禾谷类植物需氮次之；豆科植物能进行共生固氮，一般只需在生长初期施用一些氮肥；马铃薯、甜菜、甘蔗等淀粉和糖料植物一般在生长初期需要氮素充足供应；蔬菜则需多次补充氮肥，使得氮素均匀地供给蔬菜需用，不能把全生育期所需的氮肥一次性施入。

同一植物的不同品种需氮量也不同，如杂交稻及矮秆水稻品种需氮较常规稻、籼稻和高秆水稻品种需氮多；同一品种植物不同生长期需氮量也不同。有些植物对氮肥品种具有特殊喜好，如马铃薯最好施用硫酸铵；麻类植物喜硝态氮；甜菜以硝酸钠最好；番茄在苗期以氨态氮较好，结果期以硝态氮较好。

3. 根据土壤特性施用不同的氮肥品种和控制施肥量　一般的砂土、砂壤土保肥性能差，氮的挥发比较严重，因此氮肥不能一次性施用过多，而应该一次少施，增加施用次数；轻壤土、中壤土有一定的保肥性能，可适当地多施一些氮肥；黏土的保肥、供肥性能强，施入土壤的肥料可以很快被土壤吸收固定，可减少施肥次数。

碱性土壤不宜施用铵态氮肥，一定要用时应深施覆土；酸性土壤宜选择生理碱性肥料或碱性肥料，如施用生理酸性肥料应结合有机肥料和石灰。

4. 根据氮肥的特性合理分配与施用 一般来讲，各种铵态氮肥如氨水、碳酸氢铵、硫酸铵、氯化铵，可作基肥深施覆土；硝态氮肥如硝酸铵在土壤中移动性大宜作旱田追肥；尿素适宜于一切植物和土壤。尿素、碳酸氢铵、氨水、硝酸铵等不宜作种肥，而硫酸铵等可作种肥。硫酸铵还可施用到缺硫土壤和需硫植物上，如大豆、菜豆、花生、烟草等；氯化铵忌施在烟草、茶、西瓜、甜菜、葡萄等植物上，但可施在纤维类植物上，如麻类植物；尿素适宜作根外追肥。

铵态氮肥要深施，可以增强土壤对 NH_4^+ 的吸附作用，可以减少氨的直接挥发、随水流失以及反硝化脱氮损失，提高氮肥利用率和增产途径。氮肥深施还具有前缓、中稳、后长的供肥特点，其肥效可长达 60～80 天，能保证植物后期对养分的需要。深施有利于促进根系发育，增强植物对养分的吸收能力。氮肥深施的深度以植物根系集中分布范围为宜。

5. 氮肥与有机肥料、磷肥、钾肥配合施用 由于我国土壤普遍缺氮，长期大量地投入氮肥，而磷钾肥的施用相应不足，植物养分供应不均匀，影响氮肥肥效的发挥。而氮肥与有机肥、磷钾肥配合施用，既可满足植物对养分的全面需要，又能培肥土壤，使之供肥平稳，提高氮肥利用率。

6. 加强水肥综合管理 水肥综合管理，也能起到部分深施的作用，达到氮肥增产效果的目的，在水田中，已提出的"无水层混施法"（施用基肥）和"以水带氮法"（施用追肥）等水稻节氮水肥综合管理技术，较习惯施用法可提高氮肥利用率 12%，每千克多增产稻谷 5.1 千克，增产 11%。

旱作撒施氮肥随即灌水，也有利于降低氮素损失，提高氮肥利用率。在河南封丘潮土上进行的小麦试验中，用返青肥表施后灌水处理的方法，使尿素的氮素损失比灌水后表施处理方法的氮素损失率低7%，其增产效果接近于深施。

7. 施用氮肥增效剂　施用脲酶抑制剂，可抑制尿素的水解，使尿素能扩散移动到较深的土层中，从而减少旱地表层土壤中或稻田田面水中硝态氮总浓度，以减少氨的挥发损失。目前研究较多的脲酶抑制剂有O-苯基磷酰二胺，N-丁基硫代磷酰三胺和氢醌。

硝化抑制剂的作用是抑制硝化细菌防止铵态氮向硝态氮转化，从而减少氮素的反硝化作用损失和淋失。目前应用的硝化抑制剂主要有2-氯-6（三氯甲基）吡啶（CP）2-氨基-4-氯-6甲基嘧啶（AM）等，CP用量为氮肥含N量的1‰～3‰，AM为0.2%。

施用长效氮肥，有利于植物的缓慢吸收，减少氮素损失和生物固定，降低施用成本，提高劳动生产率。

二、磷肥的性质与提高磷肥利用率的措施

（一）常用磷肥的性质与施用要点

磷肥按其溶解度不同，可分为水溶性磷肥、弱酸性磷肥和难溶性磷肥，其各自性质与施用要点见表4-2。

表4-2　常用磷肥的性质及施用要点

肥料名称	主要成分	P_2O_5 含量（%）	主要性质	施用技术要点
过磷酸钙	$Ca(H_2PO_4)_2$	12～18	灰白色粉末或颗粒状，含硫酸钙40%～50%、游离硫酸和磷酸3.5%～5%，肥料呈酸性，有腐蚀性，易吸湿结块	做基肥、追肥和种肥及根外追肥，集中施于根层，适用于碱性及中性土壤，酸性土壤应先施石灰，隔几天再施过磷酸钙

（续）

肥料名称	主要成分	P_2O_5 含量（%）	主要性质	施用技术要点
重过磷酸钙	$Ca(H_2PO_4)_2$	36～42	深灰色颗粒或粉末状，吸湿性强，含游离磷酸 4%～8%，呈酸性，腐蚀性强，含 P_2O_5 约是过磷酸钙的 2 倍或 3 倍，又简称双料或三料磷肥	适用于各种土壤和作物，宜做基肥、追肥和种肥，施用量比过磷酸钙减少一半以上
钙镁磷肥	$\alpha - Ca_3(PO_4)_2$、 CaO、MgO、 SiO_2	14～18	灰绿色粉末，不溶水，溶于弱酸，呈碱性反应	一般做基肥，与生理酸性肥料混施，以促进肥料的溶解，在酸性土壤上也可做种肥或蘸秧根
钢渣磷肥	$CaP_2O_5 \cdot CaSiO_3$	8～14	黑色或棕色粉末，不溶于水，溶于弱酸，碱性	一般做基肥，不宜做种肥及追肥，与有机肥堆沤后施用效果更好
磷矿粉	$Ca_3(PO_4)_2$ 或 $Ca_5(PO_4)_8 \cdot F$	>14	褐灰色粉末，其中 1%～5% 为弱酸溶性磷，大部分是难溶性磷	磷矿粉是迟效肥，宜于做基肥，一般为每亩施用 50～100 千克，施在缺磷的酸性土壤上，可与硫酸铵、氯化铵等生理酸性肥料混施
骨粉	$Ca_3(PO_4)_2$	22～23	灰白色粉末，含 3%～5% 的氮素，不溶于水	酸性土壤上做基肥

（二）提高磷肥利用率的措施

1. 根据植物特性和轮作制度合理施用磷肥 不同植物对磷

的需要量和敏感性不同，一般豆科植物对磷的需要量较多，蔬菜（特别是叶菜类）对磷的需要量小。不同植物对磷的敏感程度为：豆科和绿肥植物＞糖料植物＞小麦＞棉花＞杂粮（玉米、高粱、谷子）＞早稻＞晚稻。不同植物对难溶解性磷的吸收利用差异很大，油菜、荞麦、萝卜、番茄、豆科植物吸收能力强，马铃薯、甘薯等吸收能力弱，应施水溶性磷肥最好。

植物磷肥的施用时期很重要，施用的磷肥必须充分满足植物临界期对磷的需要，植物需磷的临界期都在早期，因此，磷肥要早施，一般做底肥深施于土壤，而后期可通过叶面喷施进行补充。

磷肥具有后效，前茬植物施用的磷肥，后作仍可继续利用，因此在轮作周期中，不需要每季植物都施用磷肥，而应当重点施在最能发挥磷肥效果的茬口上。在水旱轮作中，如油稻、麦稻轮作中，应本着"旱重水轻"原则分配和施用磷肥。在旱地轮作中，应本着越冬植物重施、多施；越夏植物早施、巧施原则分配和施用磷肥。

2. 根据土壤条件合理施用　土壤供磷水平、有机质含量、土壤熟化程度、土壤酸碱度等因素都对磷肥肥效有明显影响。缺磷土壤要优先施用、足量施用，中度缺磷土壤要适量施用、看苗施用；含磷丰富土壤要少量施用、巧施磷肥。有机质含量高土壤（＞25 克/千克），适当少施磷肥；有机质含量低土壤（＜25 克/千克），适当多施。土壤 pH＜5.5 时土壤有效磷含量低，pH 在 6.0～7.5 范围含量高，pH＞7.5 时有效磷含量又低，因此，在酸性土壤中施用磷矿粉、钙镁磷肥；在中性、石灰性土壤中宜施用过磷酸钙。

3. 根据磷肥特性施用　普通过磷酸钙、重过磷酸钙等水溶性、酸性速效磷肥，适用于大多数植物和土壤，但在石灰性土壤上更适宜，可做基肥、种肥和追肥集中施用。钙镁磷肥、脱氟磷肥、钢渣磷肥、偏磷酸钙等呈碱性，做基肥最好施在酸性土壤上，磷矿粉和骨粉最好做基肥施在酸性土壤上。由于磷在土壤中移动性小，宜将磷肥分施在活动根层的土壤中，改撒施为条施、穴施，集中施用在植物根系附近，可大大减少磷肥与土壤的接触面，减少磷的固定，利于植物吸收利用。

4. 与其他肥料配合施用 植物按一定比例吸收氮、磷、钾等各种养分，只有在协调氮、钾平衡营养基础上，合理配施磷肥，才能有明显的增产效果。在酸性土壤和缺乏微量元素的土壤上，还需要增施石灰和微量元素肥料，才能更好发挥磷肥的增产效果。

磷肥与有机肥料混合施用或与厩肥堆沤施用，可以促进磷的溶解和减少土壤对磷的固定作用，防止氮素损失，起到"以磷保氮"作用，因此效果最好，是磷肥合理施用的一项重要措施。

三、钾肥的性质与提高钾肥利用率的措施

（一）常用钾肥的性质与施用要点（表 4-3）

表 4-3　常用钾肥的性质与施用要点

肥料名称	成分	K_2O 含量（%）	主要性质	施用技术要点
氯化钾	KCl	50～60	白色或粉红色结晶，易溶于水，不易吸湿结块，生理酸性肥料	适于大多数作物和土壤，但忌氯作物不宜施用；宜做基肥深施，做追肥要早施，不宜做种肥。盐碱地不宜施用
硫酸钾	K_2SO_4	48～52	白色或淡黄色结晶，易溶于水，物理性状好，生理酸性肥料	与氯化钾基本相同，但对忌氯作物有好效果。适于一切作物和土壤

（续）

肥料名称	成分	K_2O含量（％）	主要性质	施用技术要点
草木灰	K_2CO_3 K_2SO_4 K_2SiO_2	5～10	主要成分能溶于水，碱性反应，还含有钙、磷等元素	适宜于各种作物和土壤，可做基肥、追肥，宜沟施或条施，也做盖种肥或根外追肥

（二）提高钾肥利用率的措施

1. 根据土壤条件合理施用钾肥 植物对钾肥的反应首先取决于土壤供钾水平，钾肥的增产效果与土壤供钾水平呈负相关，因此钾肥应优先施用在缺钾地区和土壤上。

土壤质地影响含钾量和供钾能力。一般来说，质地较黏土壤，对钾的固定能力增大，钾的扩散速率低，供钾能力一般，因此钾肥用量应适当增加。砂质土壤上，钾肥效果快但不持久，应掌握分次、适当的施肥原则，防止钾的流失，而且应优先分配和施用在缺钾的砂质土壤上。

土壤水分含量高，有利于扩散作用与植物对钾的吸收，因此，干旱地区和土壤，钾肥施用量适当增加。在长年渍水、还原性强的水田、盐土、酸性强的土壤或土层中有黏盘层的土壤，对根系生长不利，应适当增加钾肥用量。盐碱地应避免施用高量氯化钾，酸性土壤施硫酸钾更好些。

2. 根据植物特性合理施用钾肥 不同植物其需钾量和吸收钾能力不同，钾肥应优先施用在需钾量大的喜钾植物上，如油料植物、薯类植物、糖料植物、棉麻植物、豆科植物以及烟草、果、茶、桑等植物。而禾谷类植物及禾本科牧草等植物施用钾肥效果不明显。

同种植物不同品种对钾的需要也有差异，如水稻矮秆高产品种比高秆品种对钾的反应敏感，粳稻比籼稻敏感，杂交稻优于常规稻。植物不同生育期对钾的需要差异显著，如棉花需量最大在现蕾至成熟阶段，葡萄在浆果着色初期。对一般植物来说，苗期对钾较为敏感。

对耐氯力弱、对氯敏感的植物，如烟草、马铃薯等，尽量选用硫酸钾；多数耐氯力强或中等植物，如谷类植物、纤维植物等，尽量选用氯化钾。水稻秧田施用钾肥有较明显效果。

在轮作中，钾肥应施用在最需要钾的植物中。在绿肥—稻—稻轮作中，钾肥应施到绿肥上；在双季稻和麦—稻轮作中，钾肥应施在后季稻和小麦上；在麦—棉、麦—玉米、麦—花生轮作中，钾肥应重点施在夏季植物（棉花、玉米、花生等）上。

3. 与其他肥料配合施用　钾肥肥效常与其他养分配合情况有关。许多试验表明，钾肥只有在充足供给氮磷养分基础上才能更好地发挥。在一定氮肥量范围内，钾肥肥效有随氮肥施用水平提高而提高趋势；磷肥供应不足，钾肥肥效常受影响。当有机肥施用量低或不施时，钾肥有良好的增产效果，有机肥施用量高时会降低钾肥的效果。

4. 采用合理的施用技术　钾肥宜深施、早施和相对集中施。施用时掌握重施基肥，看苗早施追肥原则。对保肥性差的土壤，钾肥应基追肥兼施和看苗分次追肥，以免一次用量过多，施用过早，造成钾的淋溶损失。宽行植物（玉米、棉花等）不论基肥或追肥，采用条施或穴施都比撒施效果好；而密植植物（小麦、水稻等）可采用撒施效果较好。

在气候条件不良时，钾肥的肥效一般要比正常年景显著。如遇植物生长条件恶劣，受过水灾、强热带风暴影响，病虫害严重时，及时补施钾肥，可以增强植物的抗逆性，获得较好收成。钾肥有一定的后效，连年施用或前作施用较多，钾肥的效果有下降趋势。

四、微量元素肥料的性质与合理施用措施

（一）微量元素肥料的种类和性质

微量元素肥料主要是一些含硼、锌、钼、锰、铁、铜等营养元素的无机盐类和氧化物。我国目前常用的品种约 20 余种，见表 4-4。

表 4-4　常用微量元素肥料种类与性质

微量元素肥料名称	主要成分	有效成分含量（%）（以元素计）	性　质
硼肥		B	
硼酸	H_3BO_3	17.5	白色结晶或粉末，溶于水，常用硼肥
硼砂	$Na_2B_4O_7 \cdot 10H_2O$	11.3	白色结晶或粉末，溶于水，常用硼肥
硼镁肥	$H_3BO_3 \cdot MgSO_4$	1.5	灰色粉末，主要成分溶于水
硼泥	—	约 0.6	生产硼砂的工业废渣，呈碱性，部分溶于水
锌肥		Zn	
硫酸锌	$ZnSO_4 \cdot 7H_2O$	23	白色或淡橘红色结晶，易溶于水，常用锌肥
氧化锌	ZnO	78	白色粉末，不溶于水，溶于酸和碱
氯化锌	$ZnCl_2$	48	白色结晶，溶于水
碳酸锌	$ZnCO_3$	52	难溶于水
钼肥		Mo	
钼酸铵	$(NH_4)_2MoO_4$	49	青白色结晶或粉末，溶于水，常用钼肥
钼酸钠	$Na_2MoO_4 \cdot 2H_2O$	39	青白色结晶或粉末，溶于水
氧化钼	MoO_3	66	难溶于水
含钼矿渣		10	生产钼酸盐的工业废渣，难溶于水，其中含有效态钼 1%~3%

（续）

微量元素 肥料名称	主要成分	有效成分 含量（%） （以元素计）	性　　质
锰肥		Mn	
硫酸锰	$MnSO_4 \cdot 3H_2O$	26～28	粉红色结晶，易溶于水，常用锰肥
氯化锰	$MnCl_2$	19	粉红色结晶，易溶于水
氧化锰	MnO	41～68	难溶于水
碳酸锰	$MnCO_3$	31	白色粉末，较难溶于水
铁肥		Fe	
硫酸亚铁	$FeSO_4 \cdot 7H_2O$	19	淡绿色结晶，易溶于水，常用铁肥
硫酸亚铁铵	$(NH_4)_2SO_4 \cdot$ $FeSO_4 \cdot 6H_2O$	14	淡绿色结晶，易溶于水
铜肥		Cu	
五水硫酸铜	$CuSO_4 \cdot 5H_2O$	25	蓝色结晶，溶于水，常用铜肥
一水硫酸铜	$CuSO_4 \cdot H_2O$	35	蓝色结晶，溶于水
氧化铜	CuO	75	黑色粉末，难溶于水
氧化亚铜	Cu_2O	89	暗红色晶状粉末，难溶于水
硫化铜	Cu_2S	80	难溶于水

（二）微量元素肥料合理施用的措施

植物对微量元素的需要量很少，而且从适量到过量的范围很窄，因此要防止微量元素肥料用量过大。

1. 施于土壤　直接施入土壤中的微量元素肥料，能满足植物整个生育期对微量元素的需要，同时由于微肥有一定后效，因此土壤施用可隔年施用一次。微量元素肥料用量较少，使用时必须施得均匀，浓度要保证适宜，否则会引起植物中毒，污染土壤与环境，甚至进入食物链，有碍人畜健康。做基肥时，可与有机肥或大量元素肥料混合施用。

2. 作用于植物　是微量元素肥料常用方法，包括种子处理、蘸秧根和根外喷施。

（1）拌种　用少量温水将微量元素肥料溶解，配制成较高浓度的溶液，喷洒在种子上。一般每千克种子 0.5～1.5 克，一般边喷边拌，阴干后可用于播种。

（2）浸种　把种子浸泡在含有微量元素肥料的溶液中 6～12 小时，捞出晾干即可播种，浓度一般为 0.01%～0.05%。

（3）蘸秧根　这是水稻及其他移栽植物所采取的特殊施肥方法，具体做法是将适量的肥料与肥沃土壤少许制成稀薄的糊状液体，在插秧前或植物移栽前，把秧苗或幼苗根浸入液体中数分钟即可。如水稻可用 1% 氧化锌悬浊液蘸根 0.5 分钟即可插秧。

（4）根外喷施　这是微量元素肥料既经济又有效的方法。常用浓度为 0.01%～0.2%，具体用量视植物种类、植株大小而定，一般每亩施用 40～75 千克溶液。

（5）枝干注射　果树、林木缺铁时常用 0.2%～0.5% 硫酸亚铁溶液注射入树干内，或在树干上钻一小孔，每棵树用 1～2 克硫酸亚铁盐塞入孔内，效果很好。

3. 与大量元素肥料配合施用　微量元素与 N、P、K 等营养元素，都是同等重要不可代替的，只有在满足了植物对大量元素需要的前提下，施用微量元素肥料才能充分发挥肥效，才能表现出明显的增产效果。

五、复合肥料的性质与合理施用措施

（一）复合肥料的概念与分类

复合肥料是指含有氮、磷、钾三要素中两种或三种养分的肥料。具有有效成分高、养分种类多、施用方便肥效好、生产成本低等优点，深受农民欢迎，目前已成为农业生产中常用的当家肥料。复合肥料按元素种类可分为两大类，含有三种营养元素的称三元复合肥料（NPK）；含有两种营养元素的称二元复合肥料

（NP、NK 或 PK）。

复合肥料的有效成分，一般用 $N-P_2O_5-K_2O$ 相应的百分含量来表示。如 9-8-9，表示含氮素 9%，含磷素为 8%，含钾素为 9% 的三元复合肥料；9-8-0，表示含氮素 9%，含磷素为 8%，不含钾素的二元氮磷复合肥料。复合肥料中几种营养百分含量的总和，称为复合肥料的养分总量。如 $N-P_2O_5-K_2O$ 为 10-15-10，则养分总量为 35%。

复合肥料按生产方法不同，可分为化成复合肥料与混成复合肥料两大类。化成复合肥料是指在制造过程中发生化学反应而制成的肥料；混成复合肥料是指按照不同营养元素的比例，将各种肥料混合制成的肥料。化成复合肥料性质稳定，但其中的氮、磷、钾等养分的比例是固定的，难以适应不同土壤和多种植物的需要。混成复合肥料最大的优点是可以根据植物、土壤的需要，按照氮、磷、钾等元素的不同比例配制。

表 4-5　各种肥料的可混性

		1	2	3	4	5	6	7	8	9	10	11	12
1	硫酸铵												
2	硝酸铵	△											
3	碳酸氢铵	×	△										
4	尿素	□	△	×									
5	氯化铵	□	△	×	□								
6	过磷酸钙	□	△	△	□	□							
7	钙镁磷肥	△	△	△	△	×	×						
8	磷矿粉	△	△	△	△	△	△	△					
9	硫酸钾	□	△	△	□	□	□	□	□				
10	氯化钾	□	△	△	□	□	□	□	△	□			
11	磷酸二铵	□	△	△	□	□	×	△	×	□	□		
12	硝酸磷肥	△	△	△	△	△	△	×	△	△	△	△	
		硫酸铵	硝酸铵	碳酸氢铵	尿素	氯化铵	过磷酸钙	钙镁磷肥	磷矿粉	硫酸钾	氯化钾	磷酸二铵	硝酸磷肥

△ 可以暂时混合但不宜久置
□ 可以混合
× 不可混合

肥料混合的原则是：①要选择吸湿性小的肥料品种。吸湿性强的肥料会使混合过程和施肥过程发生困难。②要考虑到混合肥料养分不受损失。铵态氮肥不能与草木灰、石灰等碱性物质混合，否则会引起氨的挥发。过磷酸钙、重过磷酸钙等水溶性磷肥与碱性物质混合时，易使水溶性磷转化为难溶性磷。③应有利于提高肥效与施肥工效。一般复合肥料具有高浓度、多品种、多规格的特点，它可以满足不同土壤植物和其他农业生产条件提出的要求。各种肥料混合忌宜情况见表 4-5。

（二）常用复合肥料的性质与施用要点（表 4-6）

表 4-6　常用复合肥料的性质与施用要点

肥料名称		组成和含量	性质	施用要点
二元复合肥料	磷酸铵	$(NH_4)_2HPO_4$ 和 $NH_4H_2PO_4$ N16%～18%, P_2O_5 46%～48%	水溶性，性质较稳定，多为白色结晶颗粒状	基肥或种肥，适当配合施用氮肥
	硝酸磷肥	NH_4NO_3, $(NH_4)_2HPO_4$ 和 $CaHPO_4 \cdot 2H_2O$ N12%～20%, P_2O_5 10%～20%	灰白色颗粒状，有一定吸湿性，易结块	基肥或追肥，不适宜水田，豆科作物效果差
	磷酸二氢钾	KH_2PO_4 P_2O_5 52%, K_2O 35%	水溶性，白色结晶，化学酸性，吸湿性小，物理性状良好	多用于根外喷施和浸种
三元复合肥	硝磷钾肥	NH_4NO_3, $(NH_4)_2HPO_4$, KNO_3 N11%～17%, P_2O_5 6%～17%, K_2O 12%～17%	淡黄色颗粒，有一定吸湿性。其中，N、K 为水溶性，P 为水溶性和弱酸溶性	基肥或追肥，目前已成为烟草专用肥

（续）

肥料名称		组成和含量	性　质	施用要点
三元复合肥	硝铵磷肥	N，P_2O_5，K_2O 均为 17.5%	高效、水溶性	基肥、追肥
	磷酸钾铵	$(NH_4)_2HPO_4$ 和 K_2HPO_4 N、P_2O_5、K_2O 总含量达 70%	高效、水溶性	基肥、追肥

（三）复合肥料的合理施用措施

一般来说，复合肥料具有多种营养元素、物理性状好、养分浓度高、施用方便等优点，其增产效果与土壤条件、植物种类、肥料中养分形态等有关，若施用不当，不仅不能充分发挥其优点，而且会造成养分浪费，因此，在施用时应注意以下几个问题：

1. 根据土壤条件合理施用　土壤养分及理化性质不同，适用的复合肥料也不同。

（1）土壤养分状况　一般来说，在某种养分供应水平较高的土壤上，应选用该养分含量低的复合肥料，例如，在含速效钾较高的土壤上，宜选用高氮、高磷、低钾复合肥料或氮、磷二元复合肥料；相反在某种养分供应水平较低的土壤上，则选用该养分含量高的复合肥料。

（2）土壤酸碱性　在石灰性土壤宜选用酸性复合肥料，如硝酸磷肥系、氯磷铵系等，而不宜选用碱性复合肥料；酸性土壤则相反。

（3）土壤水分状况　一般水田优先施用尿素磷铵钾、尿素钙镁磷肥钾等品种，不宜施用硝酸磷肥系复合肥料；旱地则优先施用硝酸磷肥系复合肥料，也可施用尿素磷铵钾、尿素过磷酸钙钾等，而不宜施用尿素钙镁磷肥钾等品种。

2. 根据植物特性合理施用　根据植物种类和营养特点施用适宜的复合肥料品种。一般粮食植物以提高产量为主，可施用氮磷复合肥料；豆科植物宜选用磷钾为主的复合肥料；果树、西瓜等经济植物，以追求品质为主，施用氮磷钾三元复合肥料可降低果品酸度，提高甜度；烟草、柑橘等"忌氯"植物应施用不含氯的三元复合肥料。

在轮作中上、下茬植物施用的复合肥料品种也应有所区别。如在北方小麦—玉米轮作中，小麦应施用高磷复合肥料，玉米应施用低磷复合肥料。在南方稻—稻轮作制中，在同样为缺磷的土壤上磷肥的肥效早稻好于晚稻，而钾肥的肥效则相反。

3. 根据复合肥料的养分形态合理施用　含铵态氮、酰胺态氮的复合肥料在旱地和水田都可施用，但应深施覆土，以减少养分损失；含硝态氮的复合肥料宜施在旱地，在水田和多雨地区肥效较差。含水溶性磷的复合肥料在各种土壤上均可施用，含弱酸溶性磷的复合肥料更适合于酸性土壤上施用。含氯的复合肥料不宜在"忌氯"植物和盐碱地上施用。

4. 以基肥为主合理施用　由于复合肥料一般含有磷或钾，且为颗粒状，养分释放缓慢，所以做基肥或种肥效果较好。复合肥料做基肥要深施覆土，防止氮素损失，施肥深度最好在根系密集层，利于植物吸收；复合肥料做种肥必须将种子和肥料隔开5厘米以上，否则影响出苗而减产。施肥方式有条施、穴施、全耕层深施等，在中低产土壤上，条施或穴施比全耕层深施效果更好，尤其是以磷、钾为主的复合肥料穴施于植物根系附近，既便于吸收，又减少固定。

5. 与单质肥料配合施用　复合肥料种类多，成分复杂，养分比例各不相同，不可能完全适宜于所有植物和土壤，因此施用前根据复合肥料的成分、养分含量和植物的需肥特点，合理施用一定用量的复合肥料，并配施适宜用量的单质肥料，以确保养分平衡，满足植物需求。

第三节　常用有机肥的性质与合理施用措施

我国是一个具有悠久历史传统的农业国家，施用有机肥料是农业生产的优良传统。在化肥出现之前，有机肥料为农业生产的发展做出了卓越的贡献，即使在化肥工业高度发展的今天，有机肥料仍具有化肥不可替代的功能，是实现农业可持续发展的关键措施，也是农业生态系统中各种养分资源得以循环再利用和净化环境关键链。

一、有机肥料的类型

有机肥料是指农村中利用各种有机物质，就地取材，就地积制的各种自然肥料，也称作农家肥。目前已有工厂化积制的有机肥料出现，这些有机肥料被称作商品有机肥料。有机肥料按其来源、特性和积制方法一般可分为五类：

（一）粪尿肥类

主要是动物的排泄物，包括人粪尿、家畜粪尿、家禽粪、海鸟粪、蚕沙以及利用家畜粪便积制的厩肥等。

（二）堆沤肥类

主要是有机物料经过微生物发酵的产物，包括堆肥（普通堆肥、高温堆肥和工厂化堆肥）、沤肥、沼气池肥（沼气发酵后的池液和池渣）、秸秆直接还田等。

（三）绿肥类

这类肥料主要是指直接翻压到土壤中作为肥料施用的植物整体和植物残体，包括野生绿肥、栽培绿肥等。

（四）杂肥类

包括各种能用作肥料的有机废弃物，如泥炭（草炭）和利用泥炭、褐煤、风化煤等为原料加工提取的各种富含腐殖质的肥料，饼肥（榨油后的油粕）与食用菌的废弃营养基，河泥、湖泥、塘泥、污水、污泥，垃圾肥和其他含有有机物质的工农业废弃物等，也包括以有机肥料为主配置的各种营养土。

（五）商品有机肥料

包括工厂化生产的各种有机肥料、有机—无机复合肥料、腐殖酸肥料以及各类生物肥料。

二、有机肥料的作用

（一）提供多种养分，调节氮磷钾比例

有机肥料几乎含有植物生长发育所需的所有必需营养元素，其中有一部分属于速效态养分，可以直接被植物吸收利用，满足植物的需要。尤其是微量元素，长期施用有机肥料的土壤，植物是不缺乏微量元素的。有机肥料中含有少量氨基酸、酰胺、磷脂、可溶性碳水化合物等一些有机分子，可直接为植物提供有机碳、氮、磷营养。此外，有机肥料提供植物生长所需的钾，补充了化学钾肥的不足。

（二）活化土壤养分，提高化肥利用率

有机肥料中所含的腐殖酸中含有大量的活性基团，可以和许多金属阳离子形成稳定的配位化合物，从而使这些金属阳离子（如锰、钙、铁等）的有效性提高，同时也间接提高了土壤中闭蓄态磷的释放，从而达到活化土壤养分的功效。应当注意的是，有机肥料在活化土壤养分的同时，还会与部分微量营养元素由于形成了稳定的配位化合物而降低了有效性，如锌、铜等。

有机肥料与化学氮肥配合施用，化学氮肥能促进有机肥料的分解，分解产生的有机酸可与化学肥料中的铵相结合，形成氨基酸可减缓硝化作用，从而提高化学氮肥的利用率。有机肥料与化学磷肥混合施用，能增加磷的溶解度，有利于植物吸收利用。

（三）增加土壤有机质，改良土壤理化性质

有机肥料含有大量腐殖质，长期施用可以起到改良土壤理化性质和协调土壤肥力状况的作用。有机肥料施入土壤中，所含的腐殖酸可以改良土壤结构，促进土壤团粒结构形成，从而协调土壤空隙状况，提高土壤的保蓄性能，协调土壤水、气、热的矛盾；还能增强土壤的缓冲性，改善土壤氧化还原状况，平衡土壤养分。

（四）改善农产品品质和刺激植物生长

施用有机肥料能提高农产品的营养品质、风味品质、外观品质；有机肥料中还含有维生素、激素、酶、生长素和腐殖酸等，它们能促进植物生长和增强植物抗逆性；腐殖酸还能刺激植物生长。

（五）提高土壤微生物活性和酶的活性

有机肥料给土壤微生物提供了大量的营养和能量，加速了土壤微生物的繁殖，提高了土壤微生物的活性，同时还使土壤中一些酶（如脱氢酶、蛋白酶、脲酶等）的活性提高，促进了土壤中有机物质的转化，加速了土壤有机物质的循环，有利于提高土壤肥力。

（六）减少能源消耗，改善生态环境

据估计，生产 1 吨合成氨，要消耗 4 200～7 500 万千焦能量，每施用 1 千克化肥，相当于消耗 0.8 千克标准煤或与其相当的石油，"石油农业"的道路显然是不可取的。至于磷、钾资源，我国也是比较缺乏的。所以无论从肥料的经济效益来分析，还是从能源和资源来着眼，都必须十分重视有机肥料这项再生物质的充分利用，通过增施各种有机肥料，来减少能源的消耗。

施用有机肥料还可以降低植物对重金属离子铜、锌、铅、汞、铬、镉、镍等的吸收，降低了重金属对人体健康的危害。有机肥料中的腐殖质对一部分农药（如狄氏剂等）的残留有吸附、降解作用，有效地消除减轻农药对食品的污染。

三、常用有机肥料的性质与施用要点

（一）粪尿肥

粪尿肥包括人粪尿、家畜粪尿、禽粪、厩肥等，是我国农村普遍施用的一类优质有机肥料。其主要成分组成与施用要点见表4-7。

表4-7　人粪尿的主要成分组成与施用要点

种类		水分（%）	有机质（%）	N（%）	P_2O_5（%）	K_2O（%）	施用要点
人粪		>70	约20	1.00	0.50	0.37	人粪尿在施用之前必须进行无害化处理，并充分腐熟；可用作基肥、追肥和种肥，适用于各种土壤和植物，与磷钾肥和其他有机肥料配合施用
人尿		>90	约3	0.50	0.13	0.19	
人粪尿		80	5~10	0.5~0.8	0.2~0.4	0.2~0.3	
猪	粪	82	15.0	0.65	0.40	0.44	
	尿	96	2.5	0.30	0.12	0.95	
牛	粪	83	14.5	0.32	0.25	0.15	
	尿	94	3.0	0.32	0.03	0.65	
羊	粪	65	28.2	0.65	0.50	0.25	在施用前要充分腐熟，一般用作基肥，在施用猪粪尿时要注意饲料添加剂残留成分对土壤的影响
	尿	87	7.2	1.40	0.30	2.10	
马	粪	76	20.0	0.55	0.30	0.24	
	尿	90	6.5	1.20	0.10	1.50	
鸡	粪	50.5	25.5	1.63	1.54	0.85	
鸭	粪	56.6	26.2	1.10	1.40	0.62	

猪粪养分含量较丰富，质地较细，氨化细菌多，易分解，肥效快但柔和，后劲足，俗称"温性肥料"。适宜于各种植物和土壤，可做基肥和种肥。

牛粪粪质细密，含水量高，通气性差，故腐熟缓慢，肥效迟

缓，发酵温度低，俗称"冷型肥料"。一般做底肥施用。

羊粪质地细密干燥，肥分浓厚，为热性肥料，羊粪适用于各种土壤。

马粪粪中纤维素含量高，粪质粗，疏松多孔，水分易蒸发，含水量少，腐熟快，堆积过程中，发热量大，俗称"热性肥料"。可作为高温堆肥和温床的酿热物，并对改良质地黏重土壤有良好效果。

鸡、鸭、鹅等家禽的排泄物和海鸟粪统称禽粪。由于它们属杂食性动物，饮水少，故禽类粪有机质含量高，水分少。禽粪中氮素以尿酸为主，分解过程也易产生高温，属"热性肥料"。可做基肥，也可做追肥。

（二）厩肥

厩肥是指猪、牛、羊等家畜粪尿和各种垫料混合积制而成的肥料。其养分组成与含量见表4-8。

表4-8　各种厩肥的平均养分含量（%）

家畜种类	水分	有机质	N	P_2O_5	K_2O	CaO	MgO
猪	72.4	25.0	0.45	0.19	0.6	0.68	0.08
牛	77.5	20.3	0.34	0.16	0.4	0.31	0.11
马	71.3	25.4	0.58	0.28	0.53	0.21	0.14
羊	64.6	31.8	0.83	0.23	0.67	0.33	0.28

厩肥对改良土壤、提高土壤肥力、供给植物营养，都有很好的作用。厩肥一般作基肥施用。厩肥适宜的腐熟程度应根据土壤、气候、植物而定。一般在通透性良好的轻质土壤上，可选择施用半腐熟的厩肥；对黏重的土壤应选择腐熟程度较高的厩肥。在温暖湿润的季节和地区，可选择半腐熟的厩肥；在降雨量较少的季节，宜施用腐熟的厩肥。在种植期较长的植物或多年生植物，可选择腐熟程度较低的厩肥；在生育期较短的植物，则需要

选择腐熟程度较高的厩肥。从改良土壤的目的出发，应施用腐熟程度较低的厩肥，使其在土壤中产生具有活性的新鲜腐殖质。

（三）堆沤肥

堆肥是利用植物秸秆、落叶、草皮、绿肥等有机物料，掺和一定数量的粪尿肥，经好气发酵堆制而成的肥料。沤肥是利用有机物料和泥土混合，在淹水条件下沤制而成的肥料。北方以堆肥为主，南方以沤肥为主。

堆肥主要用做基肥，施用量一般为 15 000～30 000 千克/公顷。用量较多时，可以全耕层均匀混施；用量较少时，可以开沟施肥或穴施。在温暖多雨季节或地区，或在土壤疏松通透性较好的条件下，或种植生育期较长的植物和多年生植物时，或当施肥与播种或插秧期相隔较远时，可以使用半腐熟或腐熟程度更低的堆肥。堆肥还可以做种肥和追肥使用。做种肥时常与过磷酸钙等磷肥混匀施用，做追肥时应提早施用，并尽量施入土中，以利于养分的保持和肥效的发挥。堆肥和其他有机肥料一样，虽然是营养较为全面的肥料，氮养分含量相对较低，需要和化肥一起配合施用，以更好地发挥堆肥和化肥的肥效。

沤肥一般做基肥施用，多用于稻田，也可用于旱地。在水田中施用时，应在耕作和灌水前将沤肥均匀施入土壤，然后进行翻耕、耙地，再进行插秧。在旱地上施用时，也应结合耕地做基肥。沤肥的施用量一般为 30 000～75 000 千克/公顷，并注意配合化肥和其他肥料一起施用，以解决沤肥较长，但速效养分供应强度不大的问题。

（四）沼气发酵肥料

沼气发酵是有机物质（秸秆、粪尿、污泥、污水、垃圾等各种有机废弃物）在一定温度、湿度和隔绝空气条件下，由多种嫌气性微生物参与，在严格的无氧条件下进行嫌气发酵，并产生沼气（甲烷，CH_4）的过程。沼气发酵产物除沼气可作为能源使用外，沼气池液（占总残留物 13.2%）和池渣（占总残留物

86.8%）还可以进行综合利用。沼气池液含速效氮 0.03%～0.08%，速效磷 0.02%～0.07%，速效钾 0.05%～1.40%，同时还含有 Ca、Mg、S、Si、Fe、Zn、Cu、Mo 等各种矿物质元素，以及各种氨基酸、维生素、酶和生长素等活性物质。沼渣含全氮 5～12.2 克/千克（其中速效氮占全氮的 82%～85%），速效磷 50～300 毫克/千克，速效钾 170～320 毫克/千克以及大量的有机质。

沼气池液是优质的速效性肥料，可做追肥施用。一般土壤追肥施用量为 30 000 千克/公顷，并且要深施覆土，可减少铵态氮的损失和增加肥效。沼气池液还可以做叶面追肥，有以柑橘、梨、食用菌、烟草、西瓜、葡萄等经济植物最佳，将沼气池液和水按 1∶（1～2）稀释，7～10 天喷施一次，可收到很好的效果。除了单独施用外，沼气池液还可以用来浸种，可以和沼气池渣混合做基肥和追肥。做基肥施用量为 30 000～45 000 千克/公顷，做追肥施用量为 15 000～20 000 千克/公顷，沼气池渣也可以单独做基肥或追肥施用。

（五）秸秆还田

秸秆还田是指植物秸秆不经腐熟直接施入农田做肥料。将秸秆还田有增加土壤有机质和养分、改善土壤理化性质、增加产量的作用，同时还减少运输，节省劳动力，降低生产成本，增加经济效益。其还田方法主要有高留茬还田、铡草还田、覆盖还田、机具还田、整草还田、墒沟埋草等。秸秆直接还田的技术要点是：

（1）还田时期和方法　秸秆还田前应切碎后翻入土中，与土壤混合均匀。旱地争取边收边耕埋。水田宜在插秧前 7～15 天施用。林、桑、果园则可利用冬闲季节在株行间铺草或翻埋入土。

（2）还田数量　一般秸秆可全部还田。薄地用量不宜过多，肥地可适当增加用量。一般每公顷施用 4.5～6.0 吨为宜。

（3）配施氮、磷化肥　由于植物秸秆 C/N 比大，易发生微生物与植物争夺氮素现象，应配合施用适量氮、磷化肥。

（六）绿肥

1. 绿肥的主要种类　绿肥是指栽培或野生的植物，利用其植物体的全部或部分作为肥料，称之为绿肥。绿肥的种类繁多，一般按照来源可为栽培型（绿肥植物）和野生型；按照种植季节可分为冬季绿肥（如紫云英、毛叶子等）、夏季绿肥（如田菁、柽麻、绿豆等）和多年生绿肥（如沙丁旺等）；按照栽培方式可分为旱生绿肥（如豌豆、金花菜、沙打旺、黑麦草等）和水生绿肥（如绿萍、水浮莲、水花生、水葫芦等）。此外，还可以将绿肥分为豆科绿肥（如紫云英、毛叶、沙打旺、豌豆等）和非豆科绿肥（如绿萍、水浮莲、水花生、水葫芦、肥田萝卜、黑麦草等）。

2. 绿肥的成分　绿肥适应性强，种植范围比较广，可利用农田、荒山、坡地、池塘、河边等种植，也可间作、套种、单种、轮作等。绿肥产量高，平均每公顷产鲜草 15～22.5 吨。绿肥植物鲜草产量高，含较丰富的有机质，有机质含量一般在 12%～15%（鲜基），而且养分含量较高。种植绿肥可增加土壤养分，提高土壤肥力，改良低产田。绿肥能提供大量新鲜有机质和钙素营养，根系有较强的穿透能力和团聚能力，有利于水稳性团粒结构形成。绿肥还可固沙护坡，防止冲刷，防止水土流失和土壤沙化，绿肥还可做饲料，发展畜牧业。

3. 绿肥的利用　目前，我国绿肥主要利用方式有直接翻压、作为原材料积制有机肥料和用做饲料。

（1）直接翻压　绿肥直接翻压（也叫压青）施用后的效果与翻压绿肥的时期、翻压深度、翻压量和翻压后的水肥管理密切相关。

常见绿肥品种中紫云英应在盛花期；田菁应在先蕾期至初花期；豌豆应在初花期；柽麻应在初花期至盛花期。翻压绿肥时期的选择，除了根据不同品种绿肥植物生长特性外，还要考虑农植物的播种期和需肥时期。一般应与播种和移栽期有一段时间间距，大约 10 天左右。

绿肥翻压量一般根据绿肥中的养分含量、土壤供肥特性和植物的需肥量来考虑，应控制在 15 000～25 000 千克/公顷，然后再配合施用适量的其他肥料，来满足植物对养分的需求。绿肥翻压深度一般根据耕作深度考虑，大田应控制在 15～20 厘米，不宜过深或过浅。而果园翻压深度应根据果树品种和果树需肥特性考虑，可适当增加翻压深度。

绿肥在翻压后，应配合施用磷、钾肥，既可以调整 N、P，还可以协调土壤中 N、P、K 的比例，从而充分发挥绿肥的肥效。对于干旱地区和干旱季节，还应及时灌溉，尽量保持充足的水分，加速绿肥的腐熟。

(2) 配合其他材料进行堆肥和沤肥　可将绿肥与秸秆、杂草、树叶、粪尿、河塘泥、含有机质的垃圾等有机废弃物配合进行堆肥或沤肥。还可以配合其他有机废弃物进行沼气发酵，既可以解决农村能源，又可以保证有足够的有机肥料的施用。

(3) 可用做饲料，协调发展农牧业　绿肥（尤其是豆科绿肥）粗蛋白含量较高，为 15%～20%（干基），是很好的青饲料，可用于家畜饲料。

(七) 生物肥料

生物肥料是人们利用土壤中一些有益微生物制成的肥料，包括细菌肥料和抗生肥料。生物肥料是一种辅助性肥料，本身不含植物所需要的营养元素，而是通过肥料中的微生物活动，改善植物营养条件，发挥土壤潜在肥力，刺激植物生长发育，抵抗病菌危害，从而提高植物的产量和品质，与有机肥、化肥互为补充。

目前，我国生产和应用的生物肥料主要有根瘤菌肥料、固氮菌菌剂、磷细菌菌剂、钾细菌菌剂、抗生菌肥料等。生物肥料的施用方法有菌液叶面喷施、菌液种子喷施、拌种等。

四、合理使用有机肥料

(一) 实行有机无机相结合的现代农业施肥制度

继承和发扬农牧结合、种养结合的优良传统，坚持实行有机无机相结合的现代农业施肥制度，在新的历史条件下创新发展生态循环农业。要把大力推广施用有机肥料与全面治理农业有机废弃物面源污染、推进农村节能减排紧密结合起来，充分认识有机肥料在建设现代农业和实现农业可持续发展中的重要作用，它不仅能够改良土壤，而且养分全面、肥效持久，是补充植物各种营养元素的重要来源，这是化学肥料难以完全取代的。高效合理施用有机肥料，不仅可以减少化肥施用量，降低肥料成本，而且对改善土壤结构、调节土壤酸碱度、防止盐分积累和作物生理障碍以及提高土壤吸附性能和缓冲性能、减少肥料淋失等都具有重要的作用。因此，坚持实行和不断完善有机无机相结合现代农业施肥制度，全面实施农业有机废弃物的资源化利用，创新发展农业循环经济，推进农业清洁生产，着力发展绿色安全农产品生产，同时，培肥土壤肥力，促进农田质量提升，这是建设资源节约型、环境友好型现代农业和实现农业可持续发展的有效途径。

(二) 全面推广畜禽粪便资源化综合利用及商品有机肥

畜牧业是传统优势支柱产业，常年猪羊和禽类粪便产生量大、分布面广，是一个巨大的优质有机肥源，对创新发展农业循环经济有着极大的潜力。目前主要有三种利用方式：

一是猪羊栏肥鸡粪等经堆沤腐熟后，直接作为大田作物或蔬菜瓜果作物及桑、果园地的基肥，一般每亩用量1 000～2 000千克。二是规模养殖场（户）全面建设沼气工程，实行畜禽粪便干湿分离，将粪尿、污水等入沼气发酵池，创建"畜禽养殖—沼气—沼液、有机肥—果蔬种植"四位一体种养结合农业循环经济新模式，实现清洁能源开发利用、土壤培肥改良，农产品质量提高，生态环境改善的综合成效。如平湖广陈镇正广果蔬园与附近一个规模养猪场联合，合作建设贮粪池、沼气池和沼液肥输送管网至每个大棚，利用沼液肥既节省了果蔬生产成本，又提高了产品产量和品质。三是将规模养殖场（户）经干湿分离畜禽干粪，集中收集后进行生物发酵无害化处理，加工生产成商品有机肥或各种专用有机无机复混肥，运销外地供农户使用。

（三）大力推广秸秆等农业废弃物以多种形式还田

稻麦秸秆、蘑菇渣泥、蔬瓜茎蔓等农业废弃物生产量大，有机质含量高，采用多种形式进行还田，符合养分归还原理和资源循环利用原则，有利改良土壤，培肥地力。秸秆等废弃物还田方式主要有三种：一是秸秆直接还田，这是应用广、施用方便的有机肥投入方式。一般传统的方法是在畦面人工覆盖铡断的秸秆或整草，具有培肥、保墒、压草作用；也有在收割时采取高留茬方法（留茬15～20厘米）直接还田；近年来大力推广秸秆切碎全量还田方法，即在机械收割时采取将秸秆粉碎，秸秆直接还田要求将秸秆切成10厘米左右，一般每亩秸秆还田量可达350～550千克，并结合麦季免耕或稻季翻耕等配套技术还田。由于稻麦等禾本科作物秸秆的碳氮比为80～100：1，而土壤微生物分解有机物需要的碳氮比为25～30：1，因而，秸秆直接还田还需要在基肥中适当增加配施氮素化肥数量，同时，保持土壤适宜水分，以利于秸秆腐熟和作物正常生长。二是通过畜禽过腹还田或栏肥还田，将秸秆、食用菌渣泥等废弃物经过粉碎加工，用作畜禽的辅助饲料或栏棚填料，最后以畜粪肥还田。三是通过堆沤腐熟制作堆肥还田，如瓜蔓、蔬菜茎秆等废弃物作肥料，必须经过高温堆沤腐熟（加少量石灰）才能施用，以防止病源传播。

（四）积极倡导发展多种类型绿肥生产

绿肥也是传统的优质有机肥源，绿肥作物是传统农业养地用地结合的瑰宝；是协调人与自然、消耗与保护的重要纽带，种植利用绿肥作物是发展低碳农业的重要环节。20世纪50～70年代初，"紫云英绿肥—晚稻"、"紫云英绿肥—连作稻"曾一度成为最主要的水田耕作制度。当前，充分利用冬闲田和果、桑园地资源，恢复发展多种类型绿肥生产，改变不科学的只用不养的土地使用习惯，这是解决高复种指数条件下合理养地的重要途径。种植紫云英等绿肥作物，不仅可以有效减少裸露土地面积，覆盖度可达 80%～100%，覆盖期长达 100～130 天，因而能大幅度减少水土与养分流失及对水体环境污染，改善生态环境，而且能为土壤增加大量的有机质和有效养分，培肥地力，从而减少化肥施用，提高作物产量和品质。一般紫云英绿肥每亩产量 2 000～3 000 千克，可固氮（N）6～10 千克，活化、吸收钾（K_2O）5～8 千克，可以替代至少 30% 的化肥投入。紫云英和黑麦草混播，既可以当绿肥，也是发展鹅、兔、羊和草鱼等草食动物的上佳饲料。而且紫云英还是养蜂业优良的蜜源之一。因而，充分挖掘冬闲田和果、桑园地潜力，创新绿肥生产模式，积极引进扩展多用途绿肥品种，使其向经济绿肥综合利用方向发展，着重推广肥饲结合、肥菜结合、肥粮结合等多种类型绿肥综合利用模式。

（五）高效利用各类饼粕肥及草木灰等土杂肥

饼粕肥是植物种子或果核经榨油后的副产品，如大豆、油菜籽、花生、茶籽饼等。饼粕肥是优质易分解的高效有机肥料，一般含有 75%～78% 的有机质，以及氮、磷、钾和丰富的微量元素，可作基肥、种肥、追肥。饼粕肥高效利用方式首先应优选畜禽过腹利用还田，因为饼粕大多含有丰富的蛋白质，都是优质饲料，可先用作牲畜家禽和鱼的饲料，经过腹转化后，利用其粪便做作物肥料施用。饼粕肥作基肥、种肥，最好与厩肥、堆肥等混合堆沤发酵腐熟后施用，并注意不要直接接触根系或种子，因含油脂高的饼粕肥发酵时能产生大量的热，易造成作物烧根、烧种。一般每亩适宜使用量不超过 40～50 千克。作追肥，则以腐熟的液肥浇施为好，使用浓度与施肥量，应根据不同作物种类、不同生育期、不同季节灵活掌握，一般苗期淡肥勤施，开花期重施；一年生浅根作物，天旱季节淡施、勤施；多年生深根作物，多雨季节，可适当重施、浓施。施用饼粕肥后，要注意适当减少氮化肥施用量。

此外，还要做好草木灰、农村生活垃圾等土杂肥的利用。草木灰含有大量的速效水溶性钾，是一种富含钾素的优质农家肥料，应当重视收集利用，收集时特别要注意避雨贮存，以免水溶性钾遭受淋溶损失。

第五章 嘉兴市主要大田作物的测土配方施肥技术

第一节 嘉兴市应用测土配方施肥的成效与技术要领

一、嘉兴市应用测土配方施肥的成效

通过建立测土、配方、配肥、供肥、施肥指导一体化运行机制，为农民提供测土配方施肥技术服务，以技术培训、施肥指导及有机肥料和配方肥料的推广应用为重点，大力推广测土配方施肥，不但能给作物提供均衡的营养，达到作物优质高产和土壤养分收支基本平衡，有利培肥地力，而且还能避免肥料的浪费和对环境的污染，实现省力省钱、增产增收、生态环保。综合上海、江苏和嘉兴市各地实施稻、麦等大田作物测土配方施肥后，一般每亩可以节约化肥纯氮（N）2千克、五氧化二磷（P_2O_5）$0.5 \sim 1$千克；每亩平均增产粮食 $18.6 \sim 24.8$ 千克，节本增效 $38.89 \sim 41.59$ 元；肥料利用率提高了 $3 \sim 5$ 个百分点。

二、嘉兴市测土配方施肥的技术要领

测土配方施肥的技术要领，可以概括为"以土定产，以产定氮，因缺补缺，平衡施肥"。具体操作步骤如下：首先，"以土定产"，根据当地地力等级和常年作物产量，一般以常年作物产量增加 $5\% \sim 10\%$ 作为当年目标产量；第二，"以产定氮"，按照目标产量作物需要吸收的养分量，确定作物当季氮化肥施用量，其

中有机肥料氮素养分当季利用率一般在 10％～15％，可按 10％减除；第三，"因缺补缺"，根据土壤检测速效磷、钾养分含量，以及有效中、微量养分状况，按照作物生长需要采取"以缺补缺"，确定合理配施磷、钾化肥用量，以及中、微量元素肥料。有机肥料中的磷、钾养分作物当季利用率一般在 15％～30％，可按 20％减除。

第二节　嘉兴市主要大田作物的测土配方施肥技术方案

一、嘉兴市主要大田作物的养分吸收量

根据历年在嘉兴市平原不同土壤类型和多种施肥条件下，测定主要大田作物生产 100 千克籽粒的地上部分所吸收的养分量见表 5 - 1。

表 5 - 1　主要大田作物生产 100 千克籽粒地上
部分所吸收养分量（千克）

作物种类	氮（N）	磷（P_2O_5）	钾（K_2O）	N：P_2O_5：K_2O
晚稻	1.68～1.93	0.68～0.79	2.02～2.39	1：(0.40～0.42)：(1.20～1.24)
大麦	1.96～2.00	0.78～0.89	2.80～3.49	1：(0.40～0.45)：(1.42～1.75)
油菜	5.71	1.70	8.28	1：0.30：1.45

二、嘉兴市主要大田作物的测土配方施肥技术实例

（一）晚稻测土配方施肥技术方案

1. 坚持施用有机肥料　大量田间试验表明，单季晚稻产量 80％以上来自土壤基础肥力。因此，测土配方施肥要以有机肥为

基础以培肥地力。晚稻一般施用猪羊栏肥每亩 750~1 000 千克作基肥，或用商品有机肥 200 千克。畜肥有机肥不足时，移栽稻或翻耕直播稻可在翻耕时，每亩施用稻麦秸秆 200~300 千克还田，免耕直播稻可采用油菜壳或粉碎秸秆在播种后覆盖。

2. 确定氮肥施用量及施用方法　按照晚稻实现目标产量所需吸收养分与施入养分相对平衡要求，合理确定氮肥施用量。即氮素用量＝目标产量×单位产量定氮系数（0.02）。不同目标产量的晚稻氮素用量参见表 5 - 2。

表 5 - 2　晚稻不同目标产量的氮素施用量（千克/亩）

目标产量	配方定氮系数	氮素用量
500	0.02	10.0
550	0.02	11.0
600	0.02	12.0
650	0.02	13.0
700	0.02	14.0
750	0.02	15.0

例如，常年晚稻产量 550 千克左右田块，今年的目标产量可确定为 600 千克，计算氮素（N）需施用量为 12.0 千克/亩（有机肥氮素按当季作物利用率 10％估算）。按此方法确定的氮素用量一般能满足晚稻健壮生长优质高产需要。若遇到特殊因素可根据长势适当灵活，但总氮素施用量增加不宜超过 10％。前茬为西甜瓜、蔬菜、鲜食大豆的晚稻田，土壤肥力高，氮肥可酌情少施，注意严格控制氮肥用量，提高施肥效益。

根据种植方式，合理选用氮肥品种和施肥方法。移栽稻，一般基肥每亩可施用碳铵 15~25 千克（或尿素 6~10 千克），翻耕时与有机肥配施或作耙面肥施用；分蘖肥结合耘田护苗，施尿素 6~8 千克/亩；长粗肥施尿素 6~8 千克/亩；在 8 月中旬前后施用穗肥尿素 3～5 千克/亩。翻耕直播稻可按以上方法施肥，但基肥不宜选用尿素，以免伤芽。免耕直播稻出苗后二叶期苗肥尿素 5～8 千克/亩；分蘖期施尿素 6～8 千克/亩；长粗肥、穗肥同移栽稻。

3. 因缺补缺合理配施磷、钾肥和锌肥　晚稻吸收 N：P_2O_5：K_2O 比例为 1：（0.40～0.41（：（1.20～1.24），需配施磷、钾肥主要是根据土壤速效磷、速效钾养分状况及作物茬口而定。在施用有机肥条件下，配方施肥推荐磷、钾用量参见表 5-3。

表 5-3　不同土壤速效磷、速效钾养分、作物茬口晚稻磷、钾肥用量推荐表（千克/亩）

前茬作物	磷肥（P_2O_5）用量			钾（K_2O）用量		
	土壤速效磷含量（毫克/千克）			土壤速效钾含量（毫克/千克）		
	<5	5～10	>10	<80	80～150	>150
春花—晚稻	1.4～2.1	1.0～1.4	0.7～0	6.0	4.5	3.0
冬闲田—晚稻	2.1～2.8	1.4～2.1	0.7～1.4	6.0	4.5	3.0
瓜、菜、豆—晚稻	1.4	0	0	4.5	3.0	0

　　土壤速效磷含量低的田块和冬闲田及土地平整后的农田，晚稻都应重视配施磷肥，酸性土壤优先选用钙镁磷肥，一般亩施钙镁磷肥或过磷酸钙 10～20 千克作基肥一次施用；土壤速效磷含量高的田块和前茬作物施用磷肥较多的农田，晚稻磷肥施用量可适当少施或不施。

　　一般农田晚稻都应普遍施用钾肥，亩施氯化钾 7.5～10 千克，瓜、菜、豆—晚稻钾肥可酌情少施。钾肥水溶性强，容易流失，以分两次施用为宜，前期分蘖肥占 2/3，后期穗肥占 1/3，有利防止功能叶早衰，达到青秆黄熟。

　　土壤黏闭烂糊的农田或土地平整新建标准农田，晚稻易出现植株变矮、叶片皱缩等缺锌症状。施用锌肥可缓解缺锌症状，促进生长。锌肥以早施为好，一般每亩施用硫酸锌 1～2 千克拌土作基肥或早期追肥。

（二）大麦、小麦测土配方施肥技术方案

大麦、小麦是嘉兴市重要的越冬作物，近年种植面积保持在70万～80万亩左右。夺取大麦、小麦高产，对于稳定粮食增产有重要作用。大麦、小麦的生育特点和需肥特性相似，唯大麦生育期较早，其测土配万施肥必须抓住三大技术关键。

1. 以施用有机肥料为基础　大麦、小麦生育期较长，以11月中、下旬播种，次年5月中、下旬收获，全生育期达180天左右。要实现高产，必须以增施有机肥为基础。

一般每亩施猪羊栏肥1 000～1 500千克作基肥，也可采用秸秆还田，大麦播种后每亩覆盖稻草150～200千克，或采用晚稻机收、粉碎联合作业，然后开沟取土覆盖。

2. 合理的氮肥施用量及施用时期　根据多年田间试验结果，嘉兴市农田大麦、小麦期土壤生产力远低于水稻，在不施肥条件下的产量仅相当于施肥区产量的40%～50%。按照肥料效应函数法，确定合理氮肥用量，一般常年亩产量350～400千克左右的大麦、小麦，在亩施畜栏肥1 000～1 500千克基础上，氮化肥用量以纯氮10～12千克为宜。当有机肥采用秸秆还田时，氮肥用量可增加10%，并增施于基肥中。氮肥施用时期：基肥一般占总氮40%；追肥可分为分蘗肥、拔节肥、孕穗肥三次施用，分别占总氮量的20%、25%、15%。施用基肥和冬前、早春追肥时由于气温较低，氮肥以选用碳酸氢铵为好，孕穗肥宜选用尿素。

3. 因缺补缺合理配施磷、钾肥　大麦、小麦吸收N：P_2O_5：K_2O比例约为1：0.4：1.5，需要的钾素多于氮素，而土壤磷、钾养分的有效性与温度、水分状况密切相关。由于大麦、小麦幼苗和茎蘗生长时期气温低、农田又处于脱水干旱环境下，土壤磷素养分供应水平明显下降。因而，种植大麦、小麦都要配施一定数量的磷、钾肥才能保障幼苗、茎蘗的正常生长。根据不同

土壤有效磷、钾养分含量水平，施肥方案建议配施磷、钾肥数量可参考表5-4。其中磷肥全部作为基肥，钾肥1/2作为基肥，1/2作为拔节肥施用。

表5-4 大麦、小麦不同氮、磷、钾养分含量与磷钾肥施用量参考表

土壤速效磷 （毫克/千克）	磷肥施用量 （千克/亩）	土壤速效钾 （毫克/千克）	钾肥施用量 （千克/亩）	备注
5～10	30～40	<80	12～15	磷肥为钙镁磷肥
10～20	20～30	80～120	8～12	或过磷酸钙，钾
>20	15～20	>120	5～8	肥为氯化钾

（三）油菜测土配方施肥技术方案

油菜是嘉兴市主要的油料作物，全市常年油菜种植面积在100万亩上下。种好油菜对于实现绿色过冬、促进农业增产农民增收和满足城乡居民生活消费有着重要意义。

推广测土配方施肥技术是实现油菜高产的重要技术环节，也有利于全年土壤轮作培肥，实现农作物季季高产。油菜种植大多采用育苗移栽，近年来直播方式发展很快。油菜测土配方施肥技术介绍如下：

1. 按肥料效应函数法，确定氮肥用量 根据嘉兴市各地多年试验资料，油菜籽一般亩产100～200千克，在亩施用500～1000千克有机肥的条件下，氮素用量10～15千克/亩为宜。若亩产在150千克左右，氮素用量一般为12～14千克/亩。

2. 因缺补缺施用磷钾肥 油菜为越冬作物一般都需要施用磷钾肥，其具体用量应根据土壤磷、钾养分状况而定。

3. 重视施用猪羊栏肥作基肥 一般每亩用量1000千克左右。猪羊栏肥不足的田块，采用稻草还田弥补。冬作是培肥土壤的有利时机，施用有机肥料相对比较容易，这季作物要全面施用，为当季及全年高产打好肥力基础。

4. 重视施用硼肥　嘉兴市土壤水溶性硼平均含量＜0.5 毫克/千克，硼元素普遍缺乏，油菜是对硼敏感的作物，缺硼可导致油菜生长不良及严重花而不实。因此，普遍提倡施用硼肥，尤其是高产示范方和有机肥施得少的田块。硼肥一般以基施为主，也可在发棵期施用，每亩用量 0.5～1.0 千克/亩，或在抽薹至开花期结合防病喷施 0.20％浓度的硼砂溶液。

表 5-5　不同土壤条件下油菜施用磷钾肥用量参考表

速效磷 （毫克/千克）	磷肥用量 （千克/亩）	速效钾 （毫克/千克）	钾肥用量 （千克/亩）
＜5	50	＜50	12.5
5～10	40	50～100	10
10～15	30	100～150	7.5
＞15	20	＞150	5

综上所述油菜施肥要点为：基肥：每亩厩肥 1 000 千克或稻草覆盖还田 300～500 千克/亩，磷肥 30～40 千克/亩，碳酸氢铵 25 千克/亩或尿素 10 千克/亩，硼砂 0.5～1.0 千克/亩；发棵肥：尿素 10～12.5 千克/亩，氯化钾 5～10 千克/亩；抽薹肥：尿素 10～12.5 千克/亩。施肥方法：氮肥以开浅沟施或穴施为好，以提高利用率。

采用直播栽培方式的施肥要点如下：基肥：播种时施用 45％复合肥 10 千克/亩或者 25％复合肥 20 千克/亩；苗肥：出苗后施用磷肥 10～20 千克/亩，硼砂 0.5～1.0 千克/亩，氯化钾 5～7.5 千克/亩，尿素 7.5 千克/亩；腊肥：尿素 7.5 千克/亩；抽薹肥：施用尿素 10～12.5 千克/亩。

第三节　嘉兴市测土配方施肥技术的几个要点

实行测土配方施肥，促进作物优质高产、节本增效，必须掌握的技术要点，主要包括选用适宜的肥料，确定合理的施肥量，适宜的施肥期，适宜的施肥方法、位置，以及养分综合管理等方面。

一、选用适宜的肥料

选择肥料要根据土壤和作物及其生育期需肥特性，正确选用对路的肥料。例如，蔬菜、果树和经济作物基肥都必须施用有机肥，而且需要事先经过腐熟，也可施用商品有机肥或对口的有机无机复混专用肥料；水稻、大麦、小麦、油菜等大田作物基肥要尽可能施用腐熟的畜粪有机肥或者采用秸秆还田方式施用有机肥。基肥配施的氮肥，宜选用价格便宜的碳酸氢铵或养分含量高的尿素。磷肥对水稻、大麦、小麦、油菜等大田作物一般都作基肥，对果树、蔬菜既作基肥又作追肥，针对目前土壤酸化日趋严重状况，作基肥施用的可优先选用钙镁磷肥，不仅有利于中和土壤酸性，而且还能提供钙、镁等营养元素；对果树、蔬菜作追肥施用磷肥宜选用水溶性过磷酸钙，或养分浓度较高的磷酸二铵等速效性磷肥。钾肥选用主要看作物耐氯能力，除了烟草、薯类、浆果及大棚蔬菜、莴苣等耐氯力弱的作物宜选用硫酸钾和硫基复合肥之外，对耐氯力强的水稻、棉、麻及菠菜和耐氯力中等的大麦、小麦、玉米、豆类、油菜及萝卜、番茄、黄瓜等，应优先选用价格低，养分含量高的氯化钾。对于一般长期不施有机肥的田块可能缺乏中、微量元素，其中重点要考虑油菜、大麦及芹菜、萝卜等蔬菜作物缺硼，豆科作物等缺钼，玉米、水稻、果树等缺锌等问题。此外，近年来各种复合肥用量不断增加，更要注意根据不同的作物和土壤特性对口选用不同养分配比类型的复合肥料。

二、确定合理的施用量

确定合理的施用量是提高肥料利用率和施肥效益，减少环境污染，实现科学施肥的关键环节。针对当前普遍存在的施肥过量倾向，掌握合理施肥，要按照作物的需肥特性，结合当地生产布局、产量水平和土壤肥力条件综合考虑。根据嘉兴市各地土壤检测资料、大量田间试验、生产经营水平，水稻、大麦、小麦、油菜等大田作物一般每亩施用畜粪栏肥 800～1 200 千克或秸秆还田 200～300 千克作基肥，施肥总量养分为：氮 10～12 千克，最多不超过 15 千克，其中有机肥氮素占 20%～30%；五氧化二磷（P_2O_5）应少于施氮量的一半，一般 3～5 千克，其中大麦、小麦、油菜等越冬作物磷需求量应较多，而晚稻需磷量应较少，在土壤速效磷含量较高和施用有机肥条件下，可以少施或不施；氧化钾（K_2O）与施氮量相似或略少，但不应少于 8 千克，其中有机肥钾素占 60%以上。具体肥料施用量可将每亩养分施用量除以肥料养分含量，换算成每亩肥料施用量。蔬菜作物种类繁多，施肥比较复杂，更要强调有机肥与化肥结合，一般每亩施腐熟畜粪栏肥 1 500～2 000 千克或商品有机肥 300～500 千克作基肥，施肥总量养分是要根据蔬菜种类、生产方式、生长期、目标产量、轮作复种和土壤肥力状况等综合衡量，原则上露地栽培生育期长的蔬菜作物，施肥总量应略高于大田作物，一般每亩氮素 10～15 千克，生长期短的则应少于大田作物，一般每亩氮素 7～10 千克，并掌握叶菜类注重氮肥；果菜类、豆类注重磷肥；根茎类注重钾肥前提下做好平衡施肥。大棚设施栽培多为瓜类、茄果类，生长期一般较长，每亩施肥总量一般略高于露地蔬菜或相当。

三、适宜的施肥时期

根据作物的需肥规律、肥料特性及其在土壤中的转化，确定适宜的施肥时期。一般大田作物将有机肥和全部磷肥，以及大部分钾肥都作基肥施用，同时，配施氮肥量的 40%左右作基肥。将 60%左右的氮肥和少量钾肥用作追肥，其中水稻、大麦、小麦分别在分蘖初期、拔节期和孕穗期分批施用氮肥，并在拔节—

孕穗期配施少量钾肥；油菜则分别在苗期（越冬前）、现蕾、抽薹期分批施用氮肥，抽薹期配施钾肥和硼肥。移栽水稻、油菜在秧田期还要施用种肥、起身肥。蔬菜作物以腐熟有机肥 1 500～2 000千克或商品有机肥 300～500 千克配施 10～15 千克磷、钾肥或普通型复合肥 15～25 千克作基肥；追肥亩施尿素 20～40 千克，氯化钾 15～30 千克，或改用高氮钾型复合肥 40～50 千克，以快速生长期为主，分 3～4 次施用。大棚设施栽培瓜类、茄果类总施肥量可适当增加，追肥移栽缓苗后少施或不施，以初果坐住起分 4～8 次施用。果树施肥要根据树龄和产量不同，一般应抓住秋季采果后早施基肥，亩施腐熟畜粪有机肥 2 000～3 000 千克，配施尿素 10～15 千克、钙镁磷肥 30～40 千克、氯化钾 15～20 千克，或配施普通型复合肥 30～40 千克；追肥 2～3 次，一般亩施尿素 20～40 千克、钙镁磷肥 30～50 千克、氯化钾 10～15 千克或普通型复合肥 40～60 千克，其中发芽前或开花前约占 40%，果实开始膨大期约占 60%，晚熟品种后期补施适量复合肥或钾肥。

四、适宜的施肥方法、位置

给作物施肥的方法很多，不同的施肥方法各具特点，而且效果也有很大差异。大田作物施用基肥，一般翻耕的应尽可能将肥料掺混入全土层，而免耕的则应结合开沟取土覆盖。水稻、大麦、小麦追肥采用全田撒施，油菜可在行间条（点）施后结合清沟覆土。秧苗育苗施用种肥，应将肥料施入土中深 3 厘米左右，或与床土混匀。蔬菜作物基肥施用，一般采取成垄行间开沟深施后覆土。追肥施用距作物主根位置远近，按照作物种类和株龄，株型高大的作物和株龄越大时，施肥位置距离主根越远，一般肥料以施在植株主根侧 5～10 厘米，深 10～15 厘米处为宜。果树沿树冠滴水线挖 4～6 个 30 多厘米的沟成坑，施肥后覆土。

叶面追肥是作物生长后期补充速效养分或中、微量元素的一种辅助施肥方法，它主要通过气孔扩散被叶片吸收，作物绿色茎叶是根外追肥适宜部位，特别是生长幼嫩、长势健旺的绿色功能叶吸肥效果最佳。但双子叶植物由于叶片正面的表皮组织细胞间隙小，肥液营养成分难于透入，因而给双子叶植物根外追肥时叶片的正反面都要均匀喷施。

五、养分综合管理

养分综合管理，是指通过多种农业措施的合理配合，促进作物根系对养分吸收，加快叶片光合作用制造的养料向作物产品或有利于产品形成方向运转。植株养分综合管理重点是协调好作物营养生长和生殖生长的关系，对不同作物要有不同侧重点。例如，对水稻、大麦、小麦等禾本科作物高产栽培，要特别强调选用高产耐肥品种，增施有机肥和提高整地播种质量，尤其要使氮肥与种植密度和水分管理密切配合，做到前期早发苗壮、后期不脱肥、青秆黄熟不倒伏。对大棚蔬菜，特别是瓜类、茄果类蔬菜，要特别强调氮、磷、钾配合及灌水与施肥的关系，灌水、施肥都必须少量多次，在作物进入生殖生长期之前或营养生长与生殖生长并进期，在初果坐住前要适当控制水肥，过量灌水和偏施氮肥，将促使枝叶徒长，导致落花落果和后期脱肥。作物生长后期，根系吸收力减弱时，要通过叶面施肥，以及打顶、摘除老叶增加通风透光等措施，促使茎叶储备的养分和根系吸收的养分向果实产品部分汇聚，以提高产品的产量和品质。对果树，特别是易落花落果的果树，要在合理施肥的同时，通过适当修整枝条、喷施叶面肥、生长调节剂等措施来健壮新梢，调控花果数量，达到优质高产的目的。

第六章 嘉兴市主要蔬菜、鲜切花营养失衡症状与诊断

蔬菜、鲜切花是目前农业生产中的主要栽培对象，具有高投入和高产出的特点，要实现高产、优质必须提供数量足够、比例协调的各种营养元素。然而，在生产过程中，常因肥料投入失调、设施环境条件的不足等原因而使蔬菜、鲜切花出现各种营养失衡，这是当前导致蔬菜减产、鲜切花品质降低的主要原因。

蔬菜、鲜切花产生营养失衡包括营养元素的缺乏与营养元素的过剩，营养元素缺乏的原因可分为土壤缺素和作物生理缺素两种，土壤缺素是指土壤中缺少某种营养元素而使作物表现出缺乏某种元素的症状；生理缺素则指土壤中并不一定缺乏某种元素，而由于土壤障碍或营养元素之间的拮抗（阻碍）作用等，影响了作物对某种元素的吸收利用而使作物表现出某种元素缺乏症状。营养元素过剩的原因一般是由施肥过量引起的，主要发生在氮素营养上，其他营养元素一般不会出现过剩现象。

蔬菜、鲜切花产生营养失衡时，会从外形上产生各种症状，根据其出现的症状，就可识别作物营养状况，容易为广大生产者掌握，并采取措施进行校正。

第一节 嘉兴市土壤障碍产生的原因与防治对策

一、嘉兴市土壤障碍对作物生长的影响

1. 死苗 作物从种到收的全生育期都可出现死苗的情况，如黄瓜、花菜、丝瓜、豆类、番茄、茄子等，死苗程度有零星发生

也有大片死苗。产生死苗的原因，一是土壤中盐分（肥料盐）浓度高，作物吸水困难；二是根系生长不良，甚至烂根；三是土壤障碍引起作物抗逆性弱，病菌侵袭引起猝倒、青枯死苗。从作物有无病状的土壤测定结果看，土壤性状差异较大，如有植株死亡或部分死亡的土壤比植株正常生长的土壤测定平均值，电导率增加76.64％，可溶性盐增加66.54％，pH低0.11，硝态氮增加一倍。

2. 僵苗　田间长势有病状态，植株矮，叶少，叶小，白天萎蔫，不死亦不发，查看根系往往生长严重不良，新根不长或者新根稀少，有的烂根，有的根上长出瘤状组织，有的基部已腐烂。

3. 叶片焦枯　心叶叶尖发黄焦枯——缺钙；新叶叶肉失绿，随后转棕褐色斑点——缺锰；单子叶作物新叶脉间发白失绿——缺锌；老叶叶尖叶缘焦枯——缺钾；全株叶片萎蔫焦枯——肥害；中下部叶片的叶尖向叶基部焦枯——盐害。

4. 茎、叶、果畸形　缺硼、高氮、干旱均可引起茎、叶、果实畸形。

5. 落花落果　花而不实，严重落果，或阴荚率高。

6. 品质下降，甚至失去商品价值　如萝卜、莴笋空心、褐心、肉质硬。黄瓜出现大头、溜肩、蜂腰、弯瓜。芹菜茎秆坚硬，叶柄龟裂，心叶腐烂，叶片皱缩。叶菜类茎叶硬，食味差。茄子、辣椒、番茄的脐部（顶部）发黑腐烂。番茄出现畸形番茄、空番茄、僵番茄。

二、嘉兴市土壤障碍产生的原因

（一）长期施用大量化肥，施肥结构不合理

经调查分析，农民以为化肥肥效越来越差，不得不依赖于高浓度肥料（进口复合肥和尿素），结果反而使土壤障碍问题更为严重。有相当部分农户进口复合肥用量60～100千克/亩，有的还要加磷肥30～50千克/亩，有的还追施尿素10～20千克/亩或

碳酸氢铵 40 千克/亩，折算 $N：P_2O_5：K_2O$ 比例约为 1：1.01：0.69 或 1：0.928：0.76，而蔬菜作物吸收比例一般为 1：0.3：(0.6～1.1)，显然，氮、磷比例过高，不仅造成浪费，而且使土壤养分失衡，产生土壤障碍。

（二）只施用精有机肥，忽视施用粗有机质肥料

有的农民只注重施用禽粪、菜饼、人粪之类的精有机肥，这类速效性的有机肥浓度高，分解快，在土壤中较快转化为无机养分，如在化肥用量较高的情况下，使肥料更趋于过量，产生障碍。而粗有机质肥料如猪羊栏肥和稻草秸秆用量少或不用，不利于改土作用和补充营养元素。

（三）大棚土壤缺乏雨水淋洗下渗，盐分上升积聚

大棚设施栽培条件下土壤水分往往是一直向上运动，水分被吸收或蒸发，而盐分则在表层截留积聚，特别是大棚后期干旱引起盐分浓度升高，甚至土表出现盐霜，作物生理障碍加剧。

三、防治土壤障碍问题的措施

针对蔬菜土壤产生的障碍问题，根据国内外资料及嘉兴市近几年的试验研究，现提出加强土壤管理，实行科学施肥的综合性技术措施，以逐步消除土壤障碍，力图使蔬菜生产向高产、高效、优质的良性方向发展。

（一）合理轮作，改善土壤环境

合理轮作有利于降低病源物基数，减轻土壤障碍，培肥土壤节省用肥等。经验表明，同一作物上下茬且年度间不宜连作，已为广大菜农所认识。消除土壤障碍因子最有效的办法是实行水旱轮作，以水淋盐，以水洗酸，以水调节土壤微生物群落，以水改善土壤养分均衡供应。提倡冬春种蔬菜、夏秋种水稻的粮经复种模式，对蔬菜基地及水旱轮作困难的地方，要积极创造条件，每隔 2～3 年水旱轮作一次。可以采用水稻免耕直播技术，在不拆棚，不翻耕，不赤脚条件下种好一季水稻。

（二）合理灌水、覆盖、深耕，降低盐类浓度

蔬菜连作土壤表层盐分含量高，提倡采用深翻的办法，一般深翻 25 厘米，将上、下层土壤对换。有条件的地方可采用沟灌、喷灌技术，或在夏秋利用自然降水淋洗盐分。也可在夏秋季灌水浸泡土壤，冲洗淡化盐分。提倡冬春用地膜和夏秋用稻草覆盖，可以减轻水分蒸发返盐，同时利用地膜水滴返回土壤洗盐。

（三）调整土壤酸度

对于 pH ＜ 6 的土壤，调整酸度的措施有：①全面推行施用碱性或生理碱性肥料，如草木灰、钙镁磷肥等；少施含氯化肥、过磷酸钙等酸性肥料。钙镁磷肥呈碱性，可以中和部分酸性，除提供磷素外，还可以提供钙、镁、硅等中量营养元素，而蔬菜土壤往往缺乏这些元素。②对于 pH＜5.5 的土壤，提倡每亩施用石灰 50 千克中和酸性。③合理控制氮肥用量，降低土壤中硝态氮含量。

（四）增施粗有机质肥料

有机肥料不仅可以改良土壤，而且养分全面，是补充各种营养元素的主要来源。施用有机肥对调节 pH、盐分、生理缺素及提高土壤缓冲性能起重要作用。有机肥的施用量平均每季（茬）作物以 1 000～2 000 千克/亩为宜。如施用人粪尿、畜禽粪、饼肥等速效性有机肥，应适当减少化肥用量。要特别提倡施用粗纤维、木质素含量高的粗有机肥，如作物秸秆、厩肥、砻糠鸡粪等改土效果好。要推广稻麦草覆盖还地（田）方法，起到培肥、保墒、压草的作用。瓜蔓、蔬菜茎秆作肥料，必须经过高温堆腐熟化（加少量石灰）才能施用，防止病源蔓延。

（五）合理施用氮磷钾化肥

化肥用量过多是产生土壤障碍因子的主导因素。因此，合理控制化肥用量、实行平衡施肥是减轻土壤障碍因子的关键措施。合理施用化肥要在增施有机肥的基础上，以有利于作物高产与养分平衡为出发点，以获得高产需要的养分吸收量作为施肥投入依据。

表 6 - 1 部分蔬菜的氮磷钾需求量参考表（千克）

蔬菜名称	每生产 1 000 千克产品的养分吸收量			高产水平下每亩养分需求量			
	N	P₂O₅	K₂O	产量水平	N	P₂O₅	K₂O
茄子	3.3	0.8	5.0	4 000	13.2	3.2	20.0
番茄	2.7	0.7	5.0	5 000	13.5	3.5	25.0
黄瓜	2.5	1.0	4.0	5 000	12.5	5.0	20.0
大白菜	4.3	1.4	4.6	3 000	12.9	4.2	13.8
花椰菜	9.3	3.7	12.1	1 500	13.9	5.0	18.2
甘蓝	4.0	1.2	5.0	3 000	12.0	3.6	15.0
芹菜	3.6	1.5	6.0	3 000	10.8	4.5	18.0
马铃薯	3.1	1.5	4.4	2 500	7.8	3.3	11.0
菠菜	5.6	1.9	4.6	1 500	8.4	2.9	6.9
洋葱	1.9	0.8	2.7	3 000	5.7	2.4	8.1
萝卜	2.3	0.9	3.1	4 000	9.2	3.6	12.4

几点说明：

（1）化肥施入量以表中养分需求量为依据，有机肥作为补偿土壤养分消耗，暂不计入养分总投入量。如施用速效有机肥料，可酌情减少化肥用量。

（2）根据某种化肥养分含量折算成化肥实物量。

（3）施用复合肥按氮磷钾含量折算。首先要了解复合肥氮磷钾的含量，一般以磷肥计划施用量折算复合肥实际用量。如：计划施用 14％磷肥 30 千克/亩，计 P₂O₅ 4.2 千克/亩，则用 45％（N、P₂O₅、K₂O 各 15％）的复合肥 28 千克，氮肥、钾肥不足则用单质肥补充，否则造成磷素浪费。

（4）提倡施用氮磷钾适当比例的蔬菜专用肥。瓜类蔬菜对氮磷钾吸收的大致比例 1∶0.3∶（0.6～1.1），大力推广氮磷钾≥40％ [20∶（6～8）∶（12～15）] 的配方肥，以协调氮磷钾养分平衡供应。茄果类蔬菜亩用量 60～80 千克，叶菜类、块根类蔬菜亩用量 40～60 千克左右。

(六) 配施微生物肥料, 减少化肥用量, 逐步消除土壤障害

目前推广应用硅酸盐菌剂、EM 等微生物肥料都有良好的效果，尤以硅酸盐菌剂价格便宜，施用简便，适应大面积推广。

微生物菌肥，嘉兴市近几年来试验示范证明，具有促进生长，减少化肥用量，减轻多种病害，提高产量，改善品质等多种作用。因而施用生物菌肥也是消除蔬菜土壤障碍的有效技术措施之一。

施用方法：①拌入营养土育苗。将生物菌肥和泥土拌匀，用量比例为 1：100；②作物移栽时穴施或条施，尽可能施于作物根部，然后覆土；③在作物移栽期、苗期对水浇根。作物生育前期施用生物菌肥 1～3 次均可。

注意事项：①施用微生物菌肥应避免阳光长时间直射，不能施在土表，施后应覆土；②施用生物菌肥，可以酌情减少 10％～30％化肥用量；③生物菌肥不能与杀菌剂农药混用；④生物菌肥不能代替化学钾肥。

第二节　嘉兴市主要蔬菜营养失衡症状与诊断

营养失衡诊断是通过外形表现、土壤分析、植株分析或其他生理生化指标的测定，对植株营养状况进行客观判断，用以指导施肥，或改进其他管理措施。

一、蔬菜氮素失衡症

氮是蔬菜生长发育所必需的重要营养元素，它与蔬菜的产量和品质关系最为密切。因此，蔬菜施氮是蔬菜生产上一项重要技术环节和主要成本投入。氮肥不足或施氮过多，都会给蔬菜生长发育带来不良影响，造成产量下降，品质变差，直接影响菜农的

经济效益。

（一）症状

1. 缺氮 一般表现为生产减慢，株形矮小；叶色褪淡、发黄，有时叶脉呈紫色。症状从下部老叶开始向上发展。严重缺氮时，全株黄化，老叶易脱落，幼叶停止生长，腋芽萎缩或枯萎，结球类叶菜包心延迟或不包心；果菜类蔬菜果实小或畸形。缺氮的蔬菜，其商品品质和食味品质均下降，产品没有光泽和新鲜感，粗纤维含量高，水分少，口感差，营养成分也相对减少。各种蔬菜所表现的缺氮症不尽相同，分述如下：

结球甘蓝：生长缓慢，叶色褪淡呈灰绿色，无光泽，叶型狭小，挺直，结球不紧或难以包心。

大白菜：生长慢，叶片小，叶色褪淡或呈黄色，无光泽。结球期缺氮，叶片挺立，结球困难，或者结球小而不紧实，品质低劣。

黄瓜：植株矮小，叶色褪淡或灰绿色，严重时全株呈黄色，茎细；开花结果少，果实小而短，呈亮黄色或灰绿色（正常果实应为深绿色，果皮光滑），多刺果实常呈畸形，果蒂浅黄色，品质低劣。

番茄：初期老叶黄绿色，后期全株呈浅绿色，小叶细小，直立；主脉出现紫色，下位叶片尤为明显。开花结果少，果实小。植株易感染灰霉菌和马铃薯疫霉菌。

萝卜：地上部生长缓慢，叶色变黄，叶片小而薄。一些红皮品种的萝卜其根由鲜红变白红色。块根小，纤维物质多，品质变差。

2. 氮素过量症 是指过量施用氮肥引起蔬菜生长发育异常的现象。它对果菜类和根菜类蔬菜影响尤甚，果菜类主要表现为枝叶增多、徒长；开花少，坐果率低，果实畸形，容易出现筋条果、苦味果、果实着色不良，品质低劣。根菜类往往地上部生长过旺，地下块根发育不良，膨大受影响。贮藏物质减少，块根细小或不能充实，容易导致空洞的块根。氮素过量还易导致植株体内养分不平衡，容易诱发钾、钙、硼等元素的缺乏。植株过多地吸收氮素，体内容易积累氨，从而造成氨中毒。不同种类的蔬菜对氮过量的耐性不同，所表现的症状各异，其危害也有差别，现分述如下：

结球甘蓝、大白菜：叶色浓绿，叶片肥大、变短变宽；结球困难，或结球延迟且疏松；叶片脉间会出现灰色氨危害斑块。

番茄：茎叶徒长，植株软弱易感病；开花不良，落花落果严重，果实转色迟，而且色泽不匀，果柄附近果实往往着色不良，商品质量差。严重时茎和叶柄常出现褐色坏死斑点，顶部茎畸形，有时茎节开裂，髓部褐变，影响正常生长发育。当施氮过多而光照又不足时，还会引起番茄的氨和亚硝酸中毒症。氨中毒症主要表现为叶片萎蔫，叶边缘或叶脉间出现褐枯，类似早疫病初期症状；茎部还会形成污斑。田间亚硝酸危害（以大棚栽培为多见）根部变褐色，地上部呈黄萎现象，但顶部叶仍呈绿色，中下部黄化叶也常常是叶中部黄化严重，而叶基部和顶部黄化程度轻。

黄瓜：茎节伸长，开花节位提高，雌花分化延迟，容易落花落果。果实上常再现浓淡的纵条纹，呈弯瓜。还容易诱发产生苦味瓜。

萝卜：中后期氮过量，叶片生长茂盛，但地下块根发育不良，后期肉质根常有空心现象。

西瓜：枝叶茂盛，叶色浓绿，匍匐茎抽生多，开花结果受阻，果实畸形，常呈中间大、两头尖的梭形果，着色不良，果实基部往往残留部分不转色区，影响产量和品质。

茄子：茎叶肥大，节间拉长，前期开花结果明显减少，果实畸形。严重时叶片发黄，脉间出现茶褐色斑点，容易落叶。

过量施氮不仅影响蔬菜产品的产量和质量，而且会促进蔬菜中硝酸盐积累，影响蔬菜的营养品质和卫生品质，威胁人类健康。

（二）诊断

1. 外形诊断　蔬菜缺氮以植株矮小，叶色褪淡，自下而上叶片黄化为特点。诊断中要注意与一些受病虫危害的症状相区别。例如，果菜类的根结线虫病叶片也会发黄，但线虫病在日照下常呈凋萎状；又如番茄枯萎病、茄类黄萎病、甜椒疫病、萝卜萎黄病等，在其发病初期都有类似于缺氮的症状，需引起注意。

施氮过多常导致氨中毒，叶片脉间叶肉出现黄白色斑块，多分布在叶片的中部，有的边缘也有褐色坏死。在酸性土壤条件下，过多的氮肥，碰到较低温度，容易导致亚硝酸气体积累并逸出，危害蔬菜。

2. 土壤和植株中氮素分析诊断　有条件的地方可分析土壤的含氮量和植株体内的硝态氮来进行诊断。土壤含氮量一般测定其碱解氮，多数在土壤碱解氮小于 100 毫克/千克时表现供氮不足，需要施氮肥及培肥土壤。植株体内硝态氮测定可采正常植株和有病植株作比较测定，两者相关很大，说明植株缺氮或氮过量。也可用标准色阶作比较测定植株硝态氮含量，然后参照诊断指标来诊断植株含氮状况。

二、蔬菜磷素失衡症

磷素失衡症主要是缺磷症状，这是由于磷在土壤中的有效性受土壤性质和温度等环境因子的影响很大，因此，蔬菜容易发生缺磷症，而蔬菜磷素过量症目前还不多见。下面主要介绍蔬菜缺磷症。

（一）症状

1. 缺磷　植株矮小，发僵，出叶慢，叶片少而小，色暗绿无光泽，有些蔬菜叶脉呈紫红色。果菜类蔬菜花芽分化受阻，开花结果不良，结球类蔬菜结球延迟，球体疏松不实，品质变差。常见蔬菜的缺磷症分述如下：

黄瓜：瓜蔓抽生慢，幼小而僵硬，叶呈深绿色，子叶和老叶出现大块水渍状斑，并向幼叶发展，病斑逐渐变褐干枯，叶片凋萎脱落。若苗床缺磷，苗细弱，根系发育差，花芽不能正常分化，开花结果明显减少，有时甚至不开花，果实畸形，暗铜绿色。

番茄：植株生长缓慢，个体矮小，茎细叶小，叶常卷曲，叶背面和叶脉呈紫红色，老叶渐变黄，并伴有紫褐色枯斑。在果实成熟前脱落，结果延迟，后期呈卷叶。

结球甘蓝：叶片僵小挺立，叶尖和叶缘呈紫红色，常不能结球。

萝卜：叶小而皱缩，暗绿色且无光泽，叶背面呈红紫色，地下块根发育不良，不能充实。

2. 磷素过量症 植株叶片肥厚而密集，叶色浓绿，分生小株多，叶类蔬菜纤维素含量增多，食用品质降低，整齐度差。因繁殖器官早熟而导致营养体小，茎叶生长受抵制，植物早衰，根系数量极多且极短粗，并以缺锌、缺镁、缺铁等失绿症表现出来。

磷素在土壤中容易被固定而降低其利用率，因此，在目前施肥水平下，一般不易发生磷素过量症状。

（二）诊断

1. 形态诊断 形态诊断各种作物缺磷症状已如前述，但要与一些疑似症状相区别。有些蔬菜缺磷时植株会发红或呈紫红。如甘蓝等要与冬季遇寒潮导致茎叶红化相区别，缺磷发红伴随植株僵小，苍老无光泽，且叶少。而寒冷导致红化，茎叶生长仍较正常。另外，有些蔬菜如花椰菜等缺氮和缺磷均会呈现紫色，其差别在于缺磷时叶小而尖，紫红色多集中在叶缘和叶尖。

2. 植株分析诊断 叶柄组织速测：采成熟叶片的叶柄，用钼蓝比色法测定其可溶性磷，根据含量多少判断磷素丰缺，也可采用相同部位的正常植株与缺磷植株比较测定来判断。

叶片含磷量诊断：通过叶片全磷含量的测定来诊断植株磷素

水平，但不同蔬菜作物丰缺指标有些差别。

3. 土壤速效磷诊断　通常可用 0.5 摩尔/升 $NaHCO_3$ 浸提（适宜于中性—碱性土壤）磷钼蓝比色法，一般蔬菜地土壤速效磷含量低于 30～60 毫克/千克时供磷不足，易导致蔬菜缺磷。

三、蔬菜钾素失衡症

蔬菜是一种需钾量大的作物，许多蔬菜吸收钾的量要大于氮，但在蔬菜生产中，人们常常忽视蔬菜对钾的营养要求，施肥仍以氮为重，对钾补充很少，而且钾肥价格相对较高，从而导致蔬菜普遍缺钾，严重影响蔬菜的产量和品质。

（一）缺钾症状

从植株下部老叶叶尖、叶缘开始黄化，沿叶肉向内延伸，继而叶缘褐变枯焦，叶面皱缩并有褐斑。病症由下位叶往上位叶发展。现将常见蔬菜的缺钾症分述如下：

甘蓝、花椰菜：这两种蔬菜叶片大而厚，生长期较长，地上部生长量大，钾的需要量多，对土壤中钾的消耗量很大，因此，最易发生缺钾症状。当苗期缺钾时，下部叶片边缘发黄或发生黄白色斑，植株生长明显变差。进入结球期或花球发育期，由于发叶速度加快，生长量迅速增加，钾的吸收量急剧上升。据资料报道，秋甘蓝在结球期吸收的钾量可占全生育期的 90% 左右，因此，也是最易缺钾的时期，表现为外叶边缘枯焦，脉间黄化，引起早期脱落。缺钾甘蓝叶球内叶减少，包心不紧，球小而松，严重时不能包心。花椰菜花球发育不良，球体小，不紧实，色泽差，品质变劣。上述两种蔬菜在质地比较轻、施氮量比较高的菜地缺钾症状尤其明显。

大白菜、青菜类：大白菜、青菜等叶菜缺钾也较普遍。大白菜缺钾，初发时下部叶片边缘出现黄白色斑点，迅速扩展连结成枯斑，叶缘呈干枯卷缩状，尤易发生在结球期，造成结球困难或疏松，产量和品质严重下降。

供秋冬腌制的长梗白菜，由于生育期较长，也时常发生缺钾症。刚开始时叶缘出现大小不等的灰白色斑点，易导致霉菌感染而形成污斑。严重时，叶缘坏死卷缩，可食率明显减少。生育期短的小白菜缺钾症较为少见。

青菜也有偶然出现缺钾症的，其症状主要表现在下位叶叶缘具黄化斑块，继而发展是叶缘失水状坏死，叶片向下反卷。植株生长势明显变差，老叶提早黄萎脱落。

大白菜、青菜类蔬菜缺钾症的发生有一个共同的特点，即脉间病斑黄化不如其他蔬菜明显，症状主要集中在叶缘部呈坏死状，这可能与叶片含水量高、柔软、病变进展较快、边缘迅速失水坏死有关。

豆类：豆类作物在营养上有个共同特点，即对钾的需要量大，但吸钾能力又比较弱，因此也容易发生缺钾症。

菜用大豆不论是春季还是秋季栽培的，均会发生。其症状是下位叶（不一定是最下面的叶片）边缘褪绿黄白化，但通常并不很快褐变而能持续一些时期，菜农称之为"镶金边"，梅雨季节多发，故又称"梅雨瘟"。进入花荚期，下位老叶边缘枯焦，叶面皱缩不平，色泽加深常呈青铜色；结荚稀少，秕荚多，籽粒不饱满，产量、品质均显著下降。

蚕豆是菜农主要的春季栽培蔬菜，且多利用田埂地角或一些空闲地栽培，管理粗放，缺钾现象时有发生。蚕豆缺钾首先表现在下部叶片脉间出现褐斑，并多集中于叶缘，继而发展为叶缘褐变枯死。病症从下位叶向上位叶发展，严重时整个植株呈枯萎状。开花结荚少，荚果发育不良，多呈大头细尾的畸形果。蚕豆赤斑病很易与缺钾症混淆，应注意区别。赤斑病全叶有红褐色小斑，叶正面以及不同叶位均有发生；茎和叶柄同样有病斑且易连成条斑，这些与缺钾症不一样。

四季豆也容易缺钾，矮生型品种特别明显。缺钾时菜豆叶片从下而上均匀黄化，但叶脉仍然保持绿色。症状严重的叶片也会出现坏死的褐色斑块。

此外，豇豆、扁豆、豌豆等豆类蔬菜也常产生缺钾，特别是用氮过多时，叶色深，下部叶边缘黄化褐变，叶片皱缩，开花结荚少，缺乏生机。

黄瓜：近年由于设施栽培增加，黄瓜单产提高，钾素不足现象也很普遍，特别是进入开花结果期，缺钾症发生较多。其症状特点是下位老叶叶尖及叶缘先发黄，而后逐渐向脉间叶肉扩展。严重时，叶片枯焦，卷缩早脱，植株萎蔫。果实发育受阻，常呈头大蒂细棒槌形等畸形果，商品质量下降。

番茄：下部叶片出现黄褐色斑，症状从叶尖和叶尖附近开始，叶色加深，灰绿色，少光泽。小叶呈灼烧状，叶缘卷曲。老叶易脱落。果实发育缓慢，成熟不齐，着色不匀，果蒂附近转色慢，绿色斑驳其间，称"绿背病"。植株萎蔫，容易感染灰霉菌等。

西瓜：一般是下部节位的叶片边缘叶尖黄化并伴随褐斑，继而发展扩大整个叶缘褐变坏死，叶向内卷缩。在长期阴雨初晴的条件下很容易发生。果实发育受阻，坐果困难，而且糖分减少，品质下降。

（二）诊断

1. 形态诊断　根据前述各种蔬菜缺钾的形态特征加以判别，诊断时要注意与其他相似病症区别。如早春黄瓜等蔬菜遭受冻害，叶缘会坏死呈白色干卷状，易与缺钾焦边相混淆。但冻害在不同叶位均会发生，缺钾则从下位叶先开始，且焦边以褐黄色为多见。再如缺钾与盐害也易混淆，其区别是盐害叶缘黄化并呈干枯，而且仅是边沿部分，不深入叶内。

2. 速测诊断　钾的速测诊断常用亚硝酸钴钠比浊法、四苯硼钠比浊法和钾试纸法测定组织钾含量状况。判断时可采用下列方法：

取正常植株与有病植株作比较测定：根据两者含钾的差异大

小来确定病株是否缺钾。

利用植株钾的梯度判断：钾在植株体内容易移动，当土壤供钾不足时，下位叶贮存的钾就能重新转移到新生叶中被利用。这样，下位叶含钾量就下降，上下不同叶位明显呈现梯度差别。若土壤供钾充足，不同叶位含钾量差异不大。因此，测定不同叶位含钾量发现有明显梯度，说明植株缺钾。

3. 施肥诊断 钾肥容易吸收，一般施钾后5～7天植株就有反应。若怀疑蔬菜缺钾，可以采用施钾试验。蔬菜施钾后如病症得到控制或恢复，说明是缺钾所致。

此外，有条件的地方，可用常规分析土壤有效钾和植株全钾进行诊断。多数蔬菜在土壤有效钾低于100毫克/千克时易发生缺钾症。但不同蔬菜种类有差别。

四、蔬菜钙素失衡症

蔬菜作物大多喜钙，需要量较多。蔬菜吸收的钙能在体内起多种作用，为促进细胞壁的发育，减少体内营养物质外渗，抑制病菌的侵染，提高植株的抗病性，消除体内过多有机酸的危害，促进体内各种代谢过程等。蔬菜一旦缺钙，体内代谢受阻，就会发生种种缺钙症状，大家所熟悉的番茄脐腐病和大白菜干烧心病等都是缺钙造成的。近年蔬菜缺钙日趋增多，应引起大家的重视。

（一）缺钙症状

植株新生部位如顶芽、根尖，根毛生育停滞，萎缩，新叶粘连，不能正常展开，展开的新叶常焦边，残缺不全；果实顶端易出现凹陷、黑褐化坏死。现将各种蔬菜缺钙症状简述如下：

番茄、甜椒脐腐病：发病初期是在幼果的前端（花瓣脱落的一端）果肉呈水浸状，果皮完好，随着果实膨大，果实前端患部干缩凹陷并黑褐化，病斑处常受二次性霉菌寄生，呈烂顶状。果实非烂顶部分成熟时仍能着色；甜椒顶端凹陷没有番茄明显，主要是前端呈褐色枯死状。脐腐病通常在果实近拇指大小时发生，膨大期结束的果实一般不再发生。

大白菜干烧心和甘蓝心腐病：结球大白菜和甘蓝在结球以后，剖开叶球可见内叶边缘或连同心叶一起褐变干枯。缺钙严重时，结球初期未结球的叶片也会表现出缺钙症，其特征为叶缘皱缩褐腐。缺钙的甘蓝、大白菜可食率显著下降，食味异常，严重影响品质。

花椰菜：缺钙症状易发于花球发育时期，新叶的前端和边缘黄化，继而褐变枯死；花球发育受阻，质量下降。

芹菜：缺钙症状顶端生长受阻，新叶黄化，叶缘焦枯，植株无新鲜感，拔根观察可见根系少，呈黄棕色，根分枝，少有根毛。

莴笋：缺钙的莴笋生长受阻，生长点和新叶褐腐，成熟叶片上会留下叶尖干枯、叶缘残缺不全的症状。

从上述缺钙症的发生部位来看，主要是在果实、内叶和新生部位，究其原因是与钙的吸收特性有关。植物吸收钙主要由蒸腾作用（即叶片等植株表现散发水分的过程）随水带入，在体内的分布也受蒸腾作用支配，蒸腾越强的部位吸收、积累的钙也越多。植株吸收的钙极难移动，当吸钙减少时，蒸腾量少的部位就得不到钙，其他部位的钙又难以调配从而造成缺钙，结球大白菜和甘蓝缺钙症发生于叶球内叶边缘，就是因为内叶包裹于球内，基本上没有蒸腾作用，因而钙很少或不进入内叶。同样，番茄、甜椒果实一般几乎没有蒸腾作用，所以进入果实的钙也很少，加上果实膨大期间需钙特别多，所以较容易发生缺钙现象。

（二）诊断

1. 形态诊断 根据各类蔬菜上述缺钙症状不难诊断，但应注意与缺硼的区别，两者均有生长点的病变，唯缺钙植株生长点多呈褐腐状坏死，同时心叶难展开；缺硼植株的生长点萎缩死亡，新叶皱缩、扭曲，而且往往变脆。

　　在诊断番茄、甜椒脐腐病时，要注意观察果实膨大期花序部的变异，要与炭疽病、黑腐病、疫病和灰霉病等相区别，其要点是这些病症不仅在果实上，而且在茎部也会发生，其在果实上发生的位置不固定，而缺钙引起的脐腐病发病位置一定是在果实的前端。

　　2. 速测诊断　当症状难以判别时，可借助于钙组织速测诊断，速测方法可选用草酸钙比浊法。植株含钙丰富时，汁液中的钙能与草酸钙溶液起反应产生白色沉淀物，白色沉淀物越多，植株钙越丰富。通过正常株和病株速测比较，若白色沉淀物相差很大，说明病株可能缺钙。

　　另外，有条件的地方，可以测定蔬菜植株全钙含量。测定中取样部位颇重要，正常株和病株作比较时，以采差异较大的部位如大白菜内叶为好。一般也可采外叶或成熟老叶。钙的测定方法可取 EDTA 容量法和原子吸收分光光度计法。

五、蔬菜镁素失衡症

　　镁是叶绿素的核心成分，没有镁就没有叶绿素，作物就会失去绿色；作物种子、果实发育需要大量的镁。蔬菜作物多数叶色浓绿，需镁量大，尤其是果菜类蔬菜和豆类蔬菜结果多，种子多，产量高，每季都要从土壤中带走大量的镁，以致蔬菜缺镁十分普遍。如夏季蔬菜中番茄、茄子、黄瓜、丝瓜、四季豆等缺镁都比较普遍，对其产量和品质产生了较大的影响。

（一）缺镁症状

　　蔬菜作物缺镁的一般特征是下位叶褪绿黄化，叶脉仍保持绿色，有时叶片还伴有橘黄、紫红等杂色。由于蔬菜种类繁多，叶片形状各异，因此，缺镁后下位叶黄化表现形式不尽相同，大致可分为 3 种类型。第一种类型是叶片全面褪淡发黄或黄白化，主脉、侧脉直至细脉都保留绿色，形成清晰网目状花叶，叶形完好；第二种类型是沿着叶片主脉两侧呈块状褪绿，叶片边缘完好，在羽状叶脉的叶片上常形成近似"肋骨"状黄斑；第三种类型是叶片周缘开始黄化并逐步向内延展，细脉失绿，但主脉及其近侧褪绿较慢，阔叶类大体形成掌状、爪状绿色残留区。这种类型深化发展，边缘褐变坏死，最后干枯脱落，与缺钾很相似，需要注意区别。以上3种叶片黄化类型以第一、二种为多见。

缺镁症另外的一个特点是在果实附近的几张叶片首先容易出现病症，这是因为镁在植株体内易移动，当土壤中的镁供应不上时，果实附近叶片中的镁就先调运给果实，供果实发育之需。近年来，城市郊区蔬菜基地缺镁症发生较多，而且大棚栽培发病有高于露地栽培的趋向。现将几种常见蔬菜缺镁症列举如下：

番茄：缺镁症状首先出现在中下部叶片或果实附近的叶片，表现为叶片沿主脉两侧叶肉呈斑状黄化或黄白化，叶尖、主脉和侧脉仍保持绿色。在果实膨大期容易发生，结果越多的枝条缺镁越严重。

茄子：茄子有圆茄和长茄之分，缺镁时叶脉间均褪绿黄化，但圆茄和长茄所表现的症状略有不同，圆茄为叶周均匀失绿黄化，叶脉仍为绿色，呈明显的网状花叶；而长茄则先沿叶脉附近黄化，再向叶肉发展。茄子缺镁在始收期就开始发生，以盛果期发生最多。症状最明显的部位是果实附近的叶片。

辣椒：辣椒缺镁常始于结果期，叶片沿主脉两侧黄化，逐渐扩展到全叶，唯主脉、侧脉仍保持清晰的绿色。甜椒缺镁常始于叶尖，渐向叶脉两侧叶片扩展。辣椒果实越多缺镁越严重。一旦缺镁，光合作用下降，果实小，产量低。

瓜类蔬菜：黄瓜和丝瓜是目前蔬菜基地较易发生缺镁的两种瓜类。其症状是下位叶脉间均匀褪绿，逐渐黄化。叶脉包括细脉保持清晰绿色，尤其是丝瓜，色界清晰，形似雕刻。病症加重时，黄瓜叶片脉间会出现黄白色块状坏死；丝瓜叶肉及叶缘呈黄白色干枯。丝瓜在夏末秋初时缺镁最为明显，门前屋后的丝瓜棚上也是常见的。

　　四季豆：四季豆容易缺镁，但因品种而有差异。矮生类型一般比蔓生类型易发。矮生型品种缺镁时，叶脉间先出现斑点状黄化，继而扩展到全叶，叶脉仍保持绿色，易发生于结荚期，尤其是豆荚着生节位上的叶片病症特别明显。蔓生型品种也易发于开花结荚期，以下部叶为多见，叶片从边缘开始褪绿，渐渐叶肉呈现块状黄化，并伴有棕褐色斑块，叶脉仍为绿色，叶缘完好。

　　菜用大豆：大豆生长前期容易发生缺钾症，进入开花结荚期后，则易患缺镁症。症状为中下部叶均匀褪绿黄化，叶脉绿色，有时脉间呈橘黄色。豆荚小，籽粒不饱满，产量下降。夏秋季大豆缺镁是很常见的一种病症。

　　马铃薯：马铃薯对镁比较敏感，缺镁是从中下部节位上的叶片首先开始，叶脉间出现鲜明的黄化或黄白化，叶脉绿色，刚开始时叶缘也往往是绿色的，随症状加重而褪色，边缘比较完整。薯块膨大的中后期特别容易发生。

　　萝卜：萝卜容易发生缺镁，病症因品种而有差别，一般"浙大"萝卜等叶裂比较明显的品种症状从老叶开始，叶片边缘黄化，逐渐向叶脉间扩展。同一片叶以叶片的前半部病症较重。"心里美"等叶裂不是很明显的品种，缺镁症表现为整张叶片均匀褪绿黄化，叶脉绿色，呈现网目状花叶。

（二）诊断

　　1. 形态诊断　根据前述的蔬菜缺镁形态特征进行诊断，但需注意与疑似症状相区别，常见的容易与缺镁症相混淆的有以下一些症状：

　　与缺钾症区别：缺钾特征主要是叶片黄化焦枯，叶片皱缩，以黄褐色为主。缺镁叶片也呈黄化，但以黄白色调为主，常伴有其他杂色，叶片比较完好，少有焦枯，叶脉保持清晰绿色。缺镁与结果有明显关系，果实附近叶片最易表现缺镁症状，而缺钾不存在这种现象。

　　与缺铁症区别：缺铁叶片也呈脉间黄化的网状花叶，与缺镁症非常相似。但缺铁症发生在上部新叶，缺镁症则发生在中下部叶。

与螨类危害区别：当叶片遭受螨类危害时，叶脉间也出现黄斑，类似于缺镁症。但只要仔细观察叶片背面是否有螨类存在，就能加以区别。

与自然衰老叶片区别：由于缺镁易发生在生长中后期，因此，常被误认为是自然衰老现象。但两者是有区别的，自然衰老的叶片黄化均匀，叶脉叶肉同步褪绿，常呈枯萎状，缺少新鲜感。而缺镁叶片保持鲜活时期较长，叶脉不褪绿。

2. 组织速测诊断　植株汁液中的镁可用钛黄比色法进行速测，诊断时采相同叶位的下位叶病株与正常株叶柄供试，比较两者含镁水平。

3. 土壤和植株分析诊断　在有条件的地方，可以分析土壤有效镁的含量，一般土壤以有效镁（MgO）含量小于 100 毫克/千克为诊断指标，植株叶片全镁的测定诊断指标多数蔬菜是 0.2%～0.3%，低于这个含量为缺镁。

第三节　嘉兴市主要花卉营养失衡症状与诊断

一、花卉氮素失衡症

氮是花卉生长发育必需的营养元素之一，花卉体内的含氮量（N），一般占干重的 1.0%～6.5%。氮素不足或过多，都会给花卉生长发育带来不良影响，造成产量下降，品质变差。

（一）症状

1. 缺氮　花卉供氮不足，植株就会出现缺氮症。一般表现为植株矮小，枝梢稀少、细长发硬，花小色淡；叶片从老叶开始失绿，如氮得不到及时补充，下部叶片会出现红紫色或褐色，直至萎黄脱落，上部叶片也变为淡绿色。不同花卉缺氮症状不同，现分述如下：

百合：叶片小，老叶均匀黄化易凋落，严重时幼叶也黄化，继而变成棕色，提早脱落。地上部与地下部干重比例严重降低。

月季：叶片小，呈淡绿带黄或红色，芽的发育差，花小、色淡。

菊花：植株生长受抑，茎易木质化，节间短；叶小，呈灰绿色，近叶柄处颜色较深，叶尖及叶缘呈淡绿色，下部老叶干枯且容易脱落。

香石竹：下部叶片呈淡绿色，继而变黄，上部叶不长且弯曲，长势弱。

一品红：株矮，叶片小，上部叶更小；从下部到上部叶逐渐变黄，开始叶脉间黄化，叶脉凸出可见，最后叶片变黄。

杜鹃：老叶均匀失绿、变黄，继而变褐色，逐步向上部叶片发展。

海桐花：下部叶片变淡绿色，逐渐变黄落叶，严重时枝叶发育差，生长停止。

夹竹桃：从下部叶片开始发黄，逐步向上部叶片扩展，但顶端叶片很少黄化。随着缺氮程度加重，黄化叶片所占比例逐渐增加，且易脱落。

秋海棠：植株矮小，次生根少，下部叶片均匀发黄，继而呈淡紫黄色，最终坏死。

栀子花：下部叶片明显变黄。

紫罗兰：下部叶片颜色变浅，生长衰弱。

百日草：叶色从淡绿变淡黄，生长势弱。

万寿菊：整株叶片呈淡绿色，继而下部叶片变为红紫色。

金盏花：整株叶片呈淡绿色，继而下部叶片开始变黄，长势弱。

三色堇：长势弱，不分枝，叶片均匀变淡，老叶黄枯，花少而小，严重时花枝枯死。

凤仙：植株矮小，叶色变淡，尤以老叶明显，幼叶较正常株窄小。

一串红：叶片小，叶色均匀变淡，尤其是下部老叶黄化严重，易脱落。

天竺葵：植株瘦小；幼叶淡绿色，老叶呈亮红色，叶柄附近呈黄红色，干枯后仍残留在茎上；不能开花。

金鱼草：植株生长发育受抑，叶呈淡绿色，叶缘及叶脉间黄化，老叶呈锈黄绿色，干萎后附着不落。

向日葵：生长势弱，从下部叶片开始黄化，逐渐向幼叶发展。

苗木：苗木矮小瘦弱，叶小而薄，呈淡绿色或黄色，老叶枯黄或脱落；枝梢生长停滞，侧芽死亡。针叶树的针叶仅是正常苗木叶片的 $1/2\sim1/4$。

草坪草：株矮，叶色变淡，禾本科草坪草茎短而纤细，分蘖少，叶直立，呈黄绿色，种子结实率低。

2. 氮素过量症　氮素过剩表现为枝叶茂盛、茎秆柔软、花期延迟、开花少，植株的抗倒和抗病能力下降。不同花卉氮过剩症各异，现分述如下：

菊花：叶色浓绿，开花期缩短，花色变差，病害严重。

草坪草：植株茎秆柔软，抗倒、抗病虫能力降低；叶呈暗绿色；分蘖或分枝过多，根系和侧枝生长不良，对冷、热、干旱、践踏和其他胁迫抗性差。

山茶：叶片浓绿下垂。

秋海棠：枝叶茂盛，叶色浓绿，次生根少。

(二) 诊断

1. 外形诊断　花卉缺氮以植株矮小，叶色褪淡，且自下而上黄化为特点，但应注意与缺硫症状的区别。花卉缺硫时新叶先失绿黄化，而缺氮症则始于老叶。施氮过多常导致氨中毒。氨中毒的叶片会在脉间出现点状和块状的褐黑色伤斑，且与正常组织界线明显；叶片下垂，甚至整株死亡。在酸性条件下，碰到低温、过多氮肥还会导致亚硝酸气的积累和逸出，致使花卉中位叶叶缘或脉间迅速失绿呈黄褐色或黄白色，严重时呈枯斑，甚至全叶枯死。

2. 土壤分析诊断　花卉土壤一般以速效氮作为诊断指标，由于不同花卉对氮的需求量各异，其适宜指标也不同。

3. 植株营养诊断　花卉体内全氮量和氮营养失衡症的发生明显相关。而且，不同花卉种类其氮素含量有较大差异，因此，其氮营养失衡的指标也不尽相同。

二、花卉磷素失衡症

花卉体内的含磷量比氮、钾少得多，一般只占干重的 $0.1\%\sim1.0\%$。增施磷肥对花卉发根、出叶、分蘖或分枝、开花、结果有深刻影响。近年，虽然施用磷肥已受到花农重视，但在一些低丘红壤及海涂上开发的花田和苗圃，花卉缺磷仍十分突出。花卉磷过剩虽能引起缺铁、缺锌等症状，但目前生产上并不多见。下面主要介绍花卉缺磷症。

（一）缺磷症状

植株矮小；枝短叶小，叶片呈暗绿色或呈紫红色，叶脉，尤其是叶柄呈现黄中带紫红色；花芽分化少，花型变小、瓣少，开花延迟，甚至提早枯萎凋落；果实着色不均，颜色不正。不同花卉缺磷症状各异，现分述如下：

百合：植株生长缓慢，叶片少而小，叶色变暗，冠根比增加。

月季：叶呈蓝色或暗绿色，老叶呈紫色；芽发育缓慢；根系发育不良。

香石竹：下部叶变黄，但不像缺氮那样黄化向上发展，上部叶片仍为绿色，但生长停滞。

菊花：植株生长受抑，叶呈灰绿色，近叶柄处色渐浓；基部叶片凋落，然后向上扩展。

山茶：缺磷时，花芽分化期只长叶芽而无花芽。

杜鹃：叶片上有浅紫红色的斑点，斑点最终变为褐色，下部叶片易脱落。

万寿菊：长势弱，苗期叶背呈紫色，易发生枯叶，还易产生与缺氮类似的紫红色。

凤仙：植株矮小；叶片小而稀疏，叶缘和叶尖有焦枯斑点；根系不发达且稍显黑色。

一串红：叶片呈暗绿色，叶柄和部分茎呈紫红色，叶片上有褐色焦枯斑点，根细长。

天竺葵：叶呈暗绿色，叶片上有棕褐色圆圈；老叶自边缘起渐渐向叶柄处呈现暗红色，最终干枯脱落。

金鱼草：叶呈深绿色，较老叶片背面有紫晕，发育受到抑制。缺磷严重时植株干枯死亡。

三色堇：长势弱，叶小呈暗绿色，花少。

长寿花：叶小呈暗绿色，叶缘为红色。

一品红：中下部叶片脱落，呈光秆。

草坪草：禾本科草坪草缺磷形成"僵苗"，春季返青后生长缓慢，不分蘖或分蘖少或延迟；叶形狭长，叶面积小，叶色暗绿苍老；老根黄，新根少而细。茄科草坪草缺磷，下部叶片出现褐色斑点，又称"斑点病"，生长延缓。十字花科观赏性植物，子叶展开后便出现苍老、暗绿、变厚的缺磷症状，出叶迟，叶面积小；茎与叶柄呈紫红色；株矮小，不分枝；现蕾开花延迟。

（二）诊断

1. 外形诊断　各种花卉缺磷症状已如前述，但要与一些疑似症状相区别。有些花卉，如万寿菊、月季、杜鹃等缺磷时叶片或茎会呈紫红色，应与寒冷天气导致茎叶红化相区别：缺磷常伴随植株僵小，枝叶少，而寒冷导致的红化，茎叶生长仍较正常。此外，有些花卉如月季、万寿菊缺氮也会产生紫红色，其差别在于缺磷时叶小，紫红色多集中在叶缘和叶尖。

2. 土壤有效磷诊断　　花卉土壤一般以土壤有效磷含量多寡作为诊断指标。在石灰性、中性和微酸性土壤，通常以 0.5 摩尔/升 NaHCO₃ 提取测定；在酸性土壤则用 0.03 摩尔/升 NH_4F ＋ 0.25 摩尔/升 HCl 浸提后分析。据报道，不同花卉要求的适宜土壤有效磷各异。

3. 植株营养诊断　　一般通过测定叶片和植株全磷量作为诊断指标。

三、花卉钾素失衡症

花卉体内含钾（K_2O）量约占植物干重的 1.0%～10.0%。它虽然不是花卉体内有机化合物的组成成分，但它是生物体内 60 多种酶的活化剂，参与花卉体内一系列的代谢活动。增施钾肥，能增加茎长、茎粗、花径及花朵数量，提高花产量，还能增强花卉抗寒、抗旱、抗倒、抗病虫能力。此外，钾能促进根系生长，尤其对球根（茎）的形成有极好作用。

在花卉生产中，因施钾过量造成对花卉生长发育的直接不良影响较为少见，甚至在达到最高产量所需的施钾量以上，增施钾肥对某些花卉产量和品质还是有益的。因此，这里只介绍常见花卉缺钾症。

（一）缺钾症状

花卉缺钾时植株矮小，茎秆柔软易倒；叶片常皱缩，老叶叶尖和叶缘变黄，继而焦枯死亡；花及果实着色不良，籽粒少而小；长日照花卉开花延迟，短日照花卉则开花提早；根系发育不良。不同花卉缺钾症状各异，现分述如下：

秋海棠：下部老叶沿叶缘坏死，继而向中心扩展。

月季：老叶边缘呈褐色或紫色，褐色也可在叶脉间发生；花色差，花蕾不开放；茎细弱。

杜鹃：叶片的叶尖及脉间失绿。

郁金香：营养生长期缺钾，下位叶片下垂，而且有白化现象。

紫罗兰：下部叶片叶尖变黄，产生白色小斑点，而后叶片全部黄白化呈枯叶，并逐渐向上部叶片扩散，生长势弱。

百日草：下部叶片沿叶脉或脉间变褐色。

万寿菊：老叶叶尖变黄，继而呈褐色，长势弱。

金盏草：老叶脉间有模糊不清的褐变，而后脉间变褐色枯死，逐步向上部叶扩展，生长势弱。

香石竹：老叶叶缘产生不整齐的白斑，逐渐向上部叶片发展，长势弱。

一品红：中上部叶片呈淡黄，下部叶片出现褐斑，叶尖和叶缘枯焦，易脱落。

一串红：叶片小，老叶边缘变黄，无白根。

百合：老叶叶片出现小于2毫米的斑点，随着植株生长，斑点逐渐增多，但对冠根比没有明显影响。

菊花：老叶的叶缘先褐变，继而脉间呈褐色；根系生长不良，长势明显减弱。

天竺葵：幼叶呈淡黄绿色，叶脉呈深绿色，老叶边缘及脉间呈灰黄色，脉间有少量黄色和棕色斑点，逐步变成黄褐色而焦枯。

金鱼草：幼叶黄绿色，叶脉呈深绿色，叶缘呈微红色，老叶呈紫绿色，并沿叶缘枯焦，整张叶片上出现紫斑。

三色堇：株小，老叶的叶尖变白，叶片上有大量褐斑，严重时叶片枯死。

长寿花：株小，上部叶的脉间呈淡黄色，中、下部叶片的叶尖、叶缘呈浅紫红色。

羽衣甘蓝：老叶叶缘焦枯。

苗木：生长慢，叶尖呈亮黄色或叶片变黄，叶尖的叶缘先死亡，茎叶柔弱，纤细，留床大苗下部叶片黄化或坏死。

草坪草：禾本科草坪草缺钾初期，叶片呈蓝绿色，叶质柔软，叶卷曲，以后老叶尖端及叶缘变黄，继而呈烧焦状，以致枯死。其他观赏草坪草缺钾时，首先是老叶叶尖及叶缘出现黄绿色晕斑，严重时脉间呈黄色，叶缘干枯、残损。

（二）诊断

1. 形态诊断　根据各种花卉缺钾的形态特征可以做出判别，但应注意与其他相似病症的区别。如早春遇冻害，叶缘会坏死呈白色干卷状，易与缺钾焦边相混淆，但冻害在不同叶位均会发生，而缺钾则发生在下位叶，且焦边以褐黄色为多见。此外，缺钾与盐害也易混淆，其区别是盐害叶缘黄化并呈干枯，而且仅是边沿部分，不扩展到叶内。

2. 土壤分析诊断　花卉土壤一般以土壤速效钾含量多少作为诊断指标。通常以 1 摩尔/升 NH_4OAc 提取测定。不同花卉对钾的敏感性各异，因此要求适宜的诊断指标也有较大差别。

3. 植株营养诊断　一般通过测定叶片或植株全钾量作为诊断指标。

四、花卉钙素失衡症

钙是细胞壁的组成成分，能促进根系和根毛的形成，从而增加对养分和水分的吸收。钙在旺盛叶片中的含量，约为干重的 $0.2\% \sim 4.0\%$，通常草本花卉需钙较少。生产中因过量施用石灰，有可能诱发花卉铁、锌、锰的缺乏，这方面内容将在相关部分中加以叙述，这里只介绍花卉缺钙症。

（一）缺钙症状

钙在花卉体内不易移动，所以缺钙症状常发生在新生组织。花卉缺钙时，一般表现为根尖和顶芽生长停滞，根系萎缩，根尖坏死；幼叶叶缘发黄、卷曲，新叶难以展开，甚至相互粘连，或叶缘呈不规则锯齿状开裂，出现坏死斑点。不同花卉缺钙症状各异，现分述如下：

香石竹：顶部叶片生长受阻，有时叶片尖端卷成 $90°$ 的病变症状，生长点枯死，严重时花芽发育中止。

月季：顶芽死亡；植株易落叶呈枯梢；小叶边缘死亡，其余部分转黄绿，且在中部和边缘间出现暗褐色斑；叶常在死亡前脱落；花瓣的边缘常有褐斑，花瓣皱缩卷曲。

菊花：顶芽及幼叶生长受阻并枯死；上部叶片脉间变黄，并产生褐斑，从叶缘开始枯死，下部叶片受害程度较轻；根粗短，呈棕褐色，易腐烂。

百合：叶片变小，增多，叶色呈深绿。幼叶边缘坏死。严重时，叶柄处有棕色坏死斑点，根系变短，且呈棕色；根干重减少，冠根比增加。

三色堇：顶端生长受阻，上部叶片有暗褐色的小斑点。下部老叶叶缘变黄，根茎部腐烂，严重时整株枯死。

百日草：上部叶片的叶尖生长受阻、畸形，然后叶尖变褐色枯死。

万寿菊：顶端叶片脉间产生褐色小斑点并枯死。

鸢尾：易生梢尾病。

紫罗兰：顶端及上部叶片的叶尖和脉间产生不规则斑点，叶片扭曲、畸形。

金盏草：新叶的叶尖部分生长受阻，变畸形。严重时，叶尖枯死。

秋海棠：冠层叶片边缘变黄，继而呈暗绿到绿色，最终坏死，所有症状向叶片中央发展。

一串红：幼叶边缘产生金色黄边，无新根。

天竺葵：生长受抑，根系先死亡，继而全株死亡。

金鱼草：根部显著受到抑制，严重时植株很快死亡。

向日葵：顶部叶片呈现凹陷症状，脉间为浅绿色。

长寿花：株小，叶小，新叶萎缩呈淡绿色，且叶缘为紫红色，老叶呈暗红色，根系少，无新根。

羽衣甘蓝：幼叶翻卷呈勺状，叶缘枯焦，生长点死亡，无新根。

苗木：茎和茎尖的分生组织受阻严重时，茎软下垂，幼叶卷曲，叶尖有黏化现象，叶缘发黄逐渐枯死，根尖细胞极易腐烂。通常双子叶苗木比单子叶苗木需钙多。

草坪草：新生叶卷曲，易生枯萎病和红丝病。

（二）诊断

1. 外形诊断　根据各类花卉的上述症状可以做出初步诊断，但需注意与缺硼的区别，虽然两者均有生长点的病变，但缺钙花卉生长点呈褐腐状坏死，且心叶粘连难展开，缺硼植株是生长点萎缩死亡，叶柄变脆，常产生褐色物质使组织变色。

2. 土壤分析诊断　一般用 1 摩尔/升 NH_4OAc 提取土壤有效钙作为诊断指标。对大多数花卉来说，交换性钙在 400 毫克/千克以下时，施钙肥可产生明显效果。除了交换性钙的绝对含量外，交换性钙的饱和度是决定钙的有效性的重要因素。一般认为，钙饱和度在 15％～20％以下时，钙的有效性低，花卉容易缺钙，必须施用钙肥。

3. 植株营养诊断　一般通过测定叶片或植株全钙量作为诊断指标。

五、花卉镁素失衡症

镁不仅是叶绿素的组成成分，而且是一些酶的活化剂，在光合作用、呼吸作用中起着重要作用。花卉体内含镁量约占干重 0.1％～2.8％。在田间条件下，尚未见到花卉镁营养过剩症的情况，这是因为镁过剩时会导致元素间的不平衡，引起其他元素如钙、钾等的缺乏，因而掩盖了镁过剩症状。然而，在花卉生产中，则很少或不施镁肥，因此缺镁的情况相当普遍。

（一）缺镁症状

花卉缺镁时，中、下部叶片脉间失绿变黄，但叶脉仍为绿色。严重时，叶片呈苍白，直至深褐色而死亡。

菊花：下位叶脉间失绿黄化，叶缘内卷，叶片皱缩，继而出现紫红色斑块，随即叶片贴茎下垂，并迅速扩展到中位叶；叶片及花变小，发根量明显减少，花期缩短 7～10 天。

月季：缺镁初期特征为叶缘两侧的中部出现不规则的黄色条斑，以后病斑逐渐扩大，在叶脉两侧连成不规则黄色条带。严重时，叶片全部呈黄褐色，易大量落叶，形成枯枝。

百合：中下部叶片脉间失绿黄化，叶脉仍为绿色，完全展开叶产生皱缩，侧根有少量分枝。

香石竹：下部叶片呈淡的黄绿色，脉间有白色斑点。

山茶：下部叶片脉间变淡黄绿色到黄色，以后逐步向上部叶片扩展。

秋海棠：老叶脉间失绿，继而在失绿部分产生浅棕褐色坏死斑，逐步扩大直至叶片死亡。

杜鹃：开始在老叶尖端失绿，落叶严重。

海桐花：叶片脉间变黄。

牡丹：下部叶脉间失绿黄化。

紫罗兰：下部叶片脉间呈淡绿至黄色，逐步向上部叶片扩展。

百日草：下部叶片为淡绿色，脉间变黄。

万寿菊：下部叶片脉间呈红紫色。

金盏草：下部叶片脉间变黄。

三色堇：下部叶片的叶缘开始变黄，部分变白枯死，其余叶片颜色变淡。

八仙花：植株新叶除叶脉全部黄白化，叶脉逐渐也褪绿，腋芽也出现同样症状。

凤仙：叶片边缘褪绿变黄，叶片向下翻卷，叶缘和叶尖有褐色焦枯斑点。

散尾葵：中、下部叶片的边缘褪绿变黄。

一串红：叶片皱缩。

一品红：中、下部叶片边缘失绿，继而扩展到中脉，严重时叶片边缘向下卷曲、焦枯。

桂花树：老叶脉间黄化，叶片上有小黄斑。严重时叶片易脱落，树势弱。

（二）诊断

1. 外形诊断　根据前面的花卉缺镁特异性症状，如菊花下位叶脉间失绿黄化，继而会出现紫红色斑块；香石竹下部叶片呈黄绿色，且脉间有白色斑点等，为判断提供了方便。但缺镁形成的花叶类型多样，易与缺钾、缺铁或正常衰老相混淆，需注意鉴别。花卉缺钾和缺镁均发生在中、下位叶，但缺钾表现为叶缘黄化焦枯，而缺镁也呈黄化，但趋向白化，常伴有其他杂色，而且叶片完好，焦枯较少；花卉缺铁主要发生在上部新叶，而缺镁发生在中、下部叶；花卉自然衰老的叶片黄化均匀，叶脉叶肉同步褪绿，常呈枯萎状，缺少新鲜感，而缺镁叶片的叶脉不褪绿。

2. 土壤分析诊断　一般用土壤交换性镁含量表示土壤供镁能力。当土壤交换性镁低于 60 毫克/千克为缺镁，应该施用镁肥。

3. 植株分析诊断　一般通过测定叶片或植株全镁量作为诊断指标。

六、花卉铁素失衡症

铁在植物体内与叶绿素形成有关，直接影响光合作用；同时，铁也是植株体内多种酶的成分，与新陈代谢关系密切。一般铁在花卉叶片中的含量范围为 30~500 毫克/千克，若土壤供铁不足或外界条件影响铁的吸收，花卉很容易产生缺铁。

（一）缺铁症状

铁营养缺乏症是花卉最常见的营养障碍之一。缺铁症状一般为：新梢叶片缺绿，在同一病枝（梢）上的叶片，症状自下而上加重，甚至顶芽新叶几乎呈白色；叶脉常保持绿色，且与叶肉组织的界限清晰，形成鲜明的网状花纹，少有污斑杂色及破损。严重缺铁时，白化叶持续一段时间后，在叶缘附近也会出现烧灼状焦枯或叶面穿孔，提早脱落；花朵小，花色异常；着果少，果形变小，果色淡无光。不同花卉缺铁症状不尽相同，现分述如下：

非洲菊：新梢顶端叶片黄白化，严重时整叶白化，叶缘有褐色烧焦状坏死，新脉多保留绿色。花小色淡而无光泽。

百合：苗期缺铁新叶黄化，严重时全株白化；花前缺铁新叶黄白化，自上而下叶片有黄化叶转为黄绿相间的条纹花叶。

玫瑰：上部叶片脉间失绿黄化，叶脉呈绿色，形成鲜明的网状花纹叶；不同品种病症有所差别，红色系列的玫瑰品种容易产生缺铁病症。

杜鹃：杜鹃喜欢酸性土壤。因此，杜鹃极易发生缺铁黄化症。缺铁时新叶、新枝黄化或黄白化，叶尖叶缘常有坏死。

樟树：缺铁时表现为幼嫩新梢叶片黄化，叶脉仍保持绿色，而且脉纹清晰可见。随着缺铁程度加重，叶片除主脉保持绿色外，其余呈黄白化，严重时，叶缘也会枯焦褐变，叶片提前脱落。樟树缺铁黄化以树冠外缘向阳部位的新梢叶最为严重，而树冠内部和荫蔽部位黄化较轻；从枝梢而言，春梢叶发病较轻，而夏秋梢发病较重。严重时，全株叶黄白化，枯株而死亡。

一品红：植株生长缓慢，幼叶脉间失绿黄化，严重时整叶呈黄白色，甚至白化。有时叶缘或叶尖会出现焦枯及坏死，叶片易脱落。

栀子花：幼叶叶肉失绿黄化，有时整个新梢黄萎，新叶呈黄白色，枝条的中下部叶片常呈现黄绿相间的花纹叶。严重缺铁时，叶缘呈褐色烧焦状，叶片提前脱落，生长停滞甚至死亡。

百日草：缺铁植株矮小，叶片脉间失绿呈黄斑花叶，严重时叶间或脉间白化坏死。

长春花：缺铁时自新叶开始叶片黄化或黄白化，严重时全株黄白化。

绣球花（八仙花）：新叶脉间变淡黄或黄白色，叶脉呈绿色；严重时，整叶全部失绿白化；老叶一般不发生病症。

凤仙花：缺铁时植株生长受抑制，自上而下叶片脉间失绿黄化，呈现网目状花叶。

牡丹：从新叶开始叶片黄化失绿，严重时全株黄化或黄白化，叶片变薄，叶缘或脉间有坏死斑。

（二）诊断

1. 形态诊断　根据前述的缺铁症状，结合土壤 pH 的测定一般可作出初步的判断。但在实际应用时必须与缺镁等症状相区分。特别要注意病症的发展顺序，缺铁的叶片先是无绿色，随着叶片发育，从叶脉开始逐渐复绿；缺镁等病症则是一个失绿过程。当缺铁花卉新叶出现黄化症状的初期，叶面喷施 0.2% 的硫酸亚铁溶液，间隔 5～7 天后观察，如出现雾滴状复绿现象，即可确诊为缺铁。

2. 土壤分析诊断　目前一般以 pH 4.0 的醋酸—醋酸铵溶液提取的土壤易溶态铁作为诊断指标，当低于 5.0 毫克/千克（风干土计）为缺乏。

3. 植物营养诊断　土壤中的铁通过植物吸收才能被利用，根系吸收转运铁的障碍因素都会导致体内铁的缺乏。测定花卉叶片中铁含量，可以比较直接判断铁营养的丰缺状况。

参 考 文 献

鲍士旦.2000.土壤农化分析［M］.北京：中国农业出版社.

程红霞.2011.浅谈测土配方施肥技术［J］.内蒙古农业科技（3）：120-121.

黄锦法,曹志洪,等.2003.稻麦轮作田改为保护地菜田土壤肥力质量的演变［J］.植物营养与肥料学报,9（1）：19-25.

黄锦法,李艾芬,等.2000.保护地土壤障害的农化性状指标［J］.浙江农业学报,12（5）：285-289.

黄凌云.2012.植物生长环境［M］.杭州：浙江大学出版社.

蒋丽萍,陈雄鹰,张杨珠.2009.我国蔬菜测土配方施肥的研究进展［J］.河北农业科学,13（3）：64-67.

劳秀荣,魏志强,郝艳茹.2011.测土配方施肥［M］.北京：中国农业出版社.

李式军.2002.设施园艺学［M］.北京：中国农业出版社.

李酉开.1983.土壤农业化学常规分析方法［M］.北京：科学出版社.

刘艳,安景文,华利民.2007.浅议测土配方施肥现状与展望［J］.杂粮作物（6）：426-427.

施骥.2012.测土配方施肥方法研究［J］.农业科技与装备,212（1）：8-10.

宋志伟,王志伟.2007.植物生长环境［M］.北京：中国农业大学出版社.

汪平.2006.测土配方施肥技术与应用［J］.安徽农业科学,34（13）：3127-3128.

王爱萍.2010.测土配方施肥探析［J］.现代农业科技（5）：267,270.

向习军,吴跃明,王建平,等.2006.测土配方施肥技术研究与应用［J］.湖南农业科学（3）：73-74,76.

于立芝,由宝昌,孙治军.2011.测土配方施肥技术［M］.北京：化学工业出版社.

张福锁,江荣风,等.2011.测土配方施肥技术〔M〕.北京:中国农业大
学出版社.

张克文,张元龙.2012.测土配方施肥技术存在的主要问题与对策〔J〕.
农业装备技术,38(3):30-32.

张亚山,董君平.2010.浅议配方施肥〔J〕.吉林农业(12):150.

赵永志.2012.果树测土配方施肥技术理论与实践〔M〕.北京:中国农业
科学技术出版社.

赵永志.2012.粮经作物测土配方施肥技术理论与实践〔M〕.北京:中国
农业科学技术出版社.

赵永志.2012.蔬菜测土配方施肥技术理论与实践〔M〕.北京:中国农业
科学技术出版社.

邹良栋.2010.植物生长与环境〔M〕.北京:高等教育出版社.

图书在版编目（CIP）数据

测土配方施肥实用技术 / 黄凌云，黄锦法主编 . —
北京：中国农业出版社，2014.4
（生态循环农业实用技术系列丛书. 节约集约农业实
用技术系列丛书）
ISBN 978-7-109-19049-8

Ⅰ.①测… Ⅱ.①黄… ②黄… Ⅲ.①土壤肥力-测
定②施肥-配方　Ⅳ.①S158.2②S147.2

中国版本图书馆 CIP 数据核字（2014）第 064792 号

中国农业出版社出版
（北京市朝阳区农展馆北路 2 号）
（邮政编码 100125）
责任编辑　魏兆猛　贺志清

中国农业出版社印刷厂印刷　新华书店北京发行所发行
2014 年 6 月第 1 版　2014 年 6 月北京第 1 次印刷

开本：850mm×1168mm　1/32　印张：5.25
字数：115 千字　印数：1～2 000 册
定价：18.00 元
（凡本版图书出现印刷、装订错误，请向出版社发行部调换）